建筑结构试验

（第三版）

主编　宋　彧　张贵文

U0379464

重庆大学出版社

内容提要

本书内容包括：建筑结构试验概述，建筑结构试验组织计划，建筑结构试验荷载，建筑结构试验测试技术，建筑结构相似模型设计基础，建筑结构试验数据处理基础，建筑结构试验科研示例。本书还附有附录、参考文献。

可供建筑专业的本科学生及相关专业的科技工作者参考使用。

图书在版编目(CIP)数据

建筑结构试验/宋彧，张贵文主编.—3版.—重庆：重庆大学出版社，2012.8(2022.1重印)
土木工程专业本科系列教材
ISBN 978-7-5624-2386-7

Ⅰ.①建… Ⅱ.①宋…②张… Ⅲ.①建筑结构—结构试验—高等学校—教材 Ⅳ.①TU317

中国版本图书馆CIP数据核字(2012)第169418号

建筑结构试验
(第三版)
宋 彧 张贵文 主编
责任编辑：曾显跃 丁薇薇 版式设计：曾显跃
责任校对：刘 真 责任印制：张 策
*
重庆大学出版社出版发行
出版人：饶帮华
社址：重庆市沙坪坝区大学城西路21号
邮编：401331
电话：(023) 88617190 88617185(中小学)
传真：(023) 88617186 88617166
网址：http://www.cqup.com.cn
邮箱：fxk@cqup.com.cn(营销中心)
全国新华书店经销
POD：重庆新生代彩印技术有限公司
*
开本：787mm×1092mm 1/16 印张：9 字数：225千
2012年8月第3版 2022年1月第12次印刷
ISBN 978-7-5624-2386-7 定价：27.00元

土木工程专业本科系列教材
编审委员会

前言

本书是认识和研究土木工程结构性能方法的技术性学科，也是“土木工程结构检测与鉴定”“工程事故与工程安全”以及“工程结构加固技术”等课程的基础技术学科，通过多年对“建筑结构试验”课程的教学实践与研究，在保留本书第二版原貌的基础上，根据现有教学中“建筑结构试验”课程的学时特点、秉承教材要精要薄的理念，作了以下改动：

①删去了第 1 章“建筑结构试验绪论”中对缩尺模型和相似模型概念比较的内容，增加了对伪静力试验和拟动力试验概念内容的描述；

②删去了原第 5 章“建筑结构相似模型设计基础”的整个内容；

③删去了原第 6 章“建筑结构试验数据处理基础”中“论文结构特点分析实例”的内容；

④删去了原有的“附录”中的全部内容，将原书的第 7 章“结构试验科研示例”中的两个例子作为本版的附录保留。

本教材的第三版仍由宋彧和张贵文合作完成。

由于水平有限，编写中难免有漏误之处，敬请专家同行和读者批评指导。

编　者

2012 年 5 月

目录

第 1 章 建筑结构试验绪论

1.1 概 述

1.1.1 建筑结构试验的任务

“建筑结构试验”是土木工程专业的一门专业技术基础课，其研究对象是建设工程的结构物。这门学科的任务是在试验研究对象上应用科学的试验组织程序，使用仪器设备为工具，利用各种实验为手段，在荷载或其他因素作用下，通过量测与结构工作性能有关的各种参数，从强度、刚度和抗裂性以及结构实际破坏形态来判明结构的实际工作性能，估计结构的承载能力，确定结构对使用要求的符合程度，并用以检验和发展结构的计算理论。例如：

①钢筋混凝土简支梁在静力集中荷载作用下，可以通过测得梁在不同受力阶段的挠度、角变位、截面应变和裂缝宽度等参数，来分析梁的整个受力过程以及结构的强度、挠度和抗裂性能。

②当一个框架承受水平的动力荷载作用时，同样可以测得结构的自振频率、阻尼系数、振幅和动应变等参量，来研究结构的动力特性和结构承受动力荷载的动力反应。

③在结构抗震研究中，经常是通过结构在承受低周反复荷载作用下，由试验所得的应力与变形关系的滞回曲线，为分析抗震结构的强度、刚度、延性、刚度退化、变形能力等提供数据资料。

建筑结构试验是以实验方式测定有关数据，由此反映结构或构件的工作性能、承载能力和相应的安全度，为结构的安全使用和设计理论的建立提供重要根据的学科。

1.1.2 建筑结构试验的作用

(1)建筑结构试验是发展结构理论的重要途径

17 世纪初期伽利略(1564—1642)首先研究材料的强度问题，提出许多正确理论，但在 1638 年出版的著作中，也错误地认为受弯梁的断面应力分布是均匀受拉。过了 46 年，法国物理学家马里奥脱和德国数学家兼哲学家莱布尼兹对这个假定提出了修正，认为其应力分布不是均匀的，而是按三角形分布的。后来，虎克和伯努里又建立了平面假定。1713 年法国人巴朗进一步提出中和层的理论，认为受弯梁断面上的应力分布以中和层为界，一边受拉，另一边受压。由于当时无法验证，巴朗的理论不过只是一个假设而已，受弯梁断面上存在压应力的理论仍未被人们接受。

1767 年法国科学家容格密里首先用简单的试验方法，令人信服地证明了断面上压应力的存在。他在一根简支梁的跨中，沿上缘受压区开槽，槽的方向与梁轴垂直，槽内塞入硬木垫块。试验证明，这种梁的承载能力丝毫不低于整体的未开槽的木梁。这说明只有上缘受压力，才可能有这样的结果。当时，科学家们对容格密里的这个试验给予极高的评价，誉为"路标试验"，因为它总结了人们 100 多年来的摸索，像十字路口的路标一样，为人们指出了进一步发展结构强度计算理论的正确方向和方法。

1821 年法国科学院院士拿维叶从理论上推导了现在材料力学中受弯构件断面应力分布的计算公式，又经过了 20 多年后，才由法国科学院另一位院士阿莫列恩用实验的方法验证这个公式。

人类对这个问题经历了 200 多年的不断探索，至此才告一段落。从这段漫长的历程中可以看到，不仅对于验证理论，而且在选择正确的研究方法上，试验技术起了重要作用。

(2)建筑结构试验是发现结构设计问题的主要手段

人们对于框架矩形截面柱和圆形截面柱的受力特性认识较早，在工程设计中应用最广。建筑设计技术发展到 20 世纪 80 年代，为了满足人们对建筑空间的使用需要，出现了异形截面柱，如 T 型、L 型和十字型截面柱。在未作试验研究之前，设计者认为，矩形截面柱和异形截面柱在受力特性方面没有区别，其区别就在于截面形状不同，因而误认为柱子的受力特性与柱截面形式无关。试验证明，柱子的受力特性与柱子截面的形状有很大关系，矩形截面柱的破坏特征属拉压型破坏，异形截面柱破坏特征属剪切型破坏；所以，异型截面柱和矩形截面柱在受力性能方面有本质的区别。

钢筋混凝土剪力撑结构的设计技术已经被人们所掌握，这种新结构的设计思想源于三角形的稳定性，是框架和桁架相互结合的产物。设计者试想把框架的矩形结构通过加斜撑的方式分隔成若干个三角形。最初，有人把这种结构形式称为框桁结构，设计者第一榀试验研究的结构雏形如图 1.1 所示。

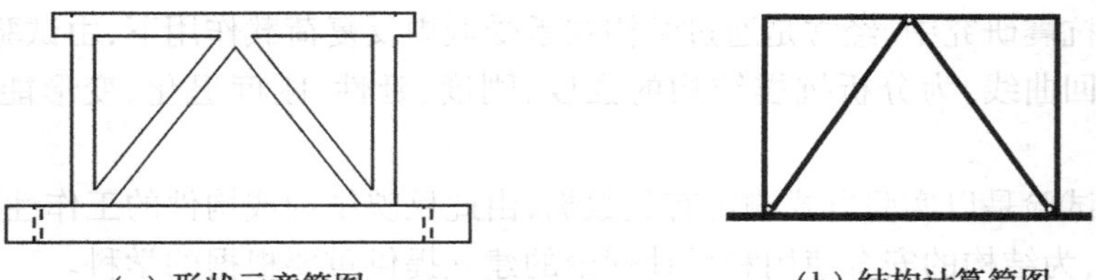

(a) 形状示意简图　　(b) 结构计算简图

图 1.1　钢筋混凝土剪力撑结构雏形示意图

从计算理论的角度看，这种结构是合理的、可行的，但经过试验研究，才发现图 1.1 的结构形式是失败的，因为斜撑的拉杆几乎不起作用，不能抵消压杆的竖向分力，整个结构由于两斜撑交点处的框架梁首先出现塑性角而破坏。在试验研究的基础上，经过多次改进，才形成了图 1.2的结构形式。

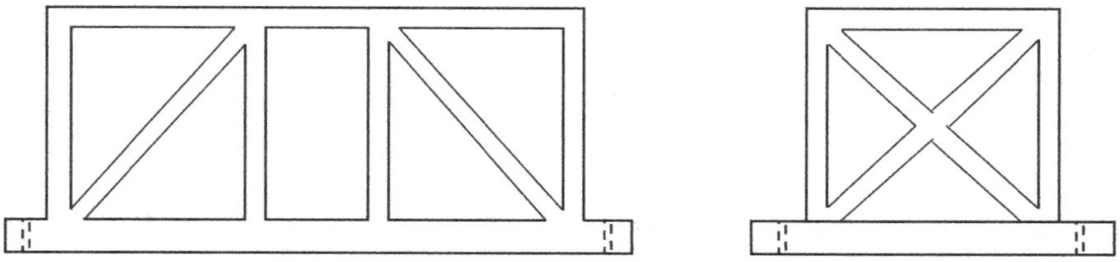

图 1.2　钢筋混凝土剪力撑结构设计示意图

笼式建筑结构是 20 世纪 90 年代末出现的一种能够减小地震作用的结构形式，因地震作用的大小与建筑结构平面刚度的大小相关，即建筑结构的平面刚度越大，地震对建筑物的影响也越大，反之则越小。所以，设计者以住宅建筑属小开间建筑这一特点入手，将普通框架结构的大截面梁柱，改变成数量较多的小截面梁柱，并将小梁小柱沿墙的长度方向和高度方向密布，使房间就像笼子一样。将该结构做成 1∶3的模型，经试验发现，模型的底层有数量不多的斜裂缝，5 ~ 8 层几乎没有破坏，顶层墙面有几条斜裂缝，第 2 层下部混凝土局部被压碎，钢筋屈曲，破坏程度最严重，第 3 层下部破坏程度次之。所以，就结构破坏特征而言，笼式建筑结构与普通建筑结构有差异。

钢管混凝土结构的梁柱连接方式有焊接连接和螺栓连接两大类数十余种具体形式，究竟哪一种最优也必须通过试验研究才能确定。

(3) 建筑结构试验是验证结构理论的唯一方法

从最简单的结构受弯杆件截面应力分布的平截面假定理论、弹性力学平面应力问题中应力集中现象的计算理论到比较复杂的结构平面分析理论和结构空间分析理论，都可以通过试验方法来加以证实。

隔震结构、消能结构的发展也离不开建筑结构试验。

(4) 建筑结构试验是建筑结构质量鉴定的直接方式

对于已建的结构工程，不论是某一具体的结构构件还是结构整体，也不论进行质量鉴定的目的如何，所采用的直接方式仍是结构试验。比如，灾害后的建筑工程、事故后的建筑工程等。

(5) 建筑结构试验是制定各类技术规范和技术标准的基础

为了土木建筑技术能够得到健康的发展，需要制定一系列技术规范和技术标准，土木界所用的各类技术规范和技术标准都离不开结构试验成果。

我国现行的各种结构设计规范除了总结已有的大量科学实验的成果和经验以外，为了理论和设计方法的发展，进行了大量钢筋混凝土结构、砖石结构和钢结构的梁、柱、框架、节点、墙板、砌体等实物和缩尺模型的试验，以及实体建筑物的试验研究，为我国编制各种结构设计规范提供了基本资料与试验数据。事实上现行规范采用的钢筋混凝土结构构件和砖石结构的计算理论，几乎全部是以试验研究的直接结果为基础的，这也进一步体现了建筑结构试验学科在发展和改进设计方法上的作用。

(6) 建筑结构试验是自身发展的需要

从加荷技术发展的历史过程看，重物加载→机械加载→电磁加载→液压加载→伺服加载；从测试技术发展的历史过程看，直尺测试→机械测试→电子测试→计算机智能测试技术；它们都是建筑结构试验自身发展的产物。

1.2 建筑结构试验的分类

结构试验按试验目的、荷载性质、试验对象、试验周期、试验场合等因素进行分类。

1.2.1 生产性试验和科研性试验

(1)生产性试验

这类试验又称检测,如施工质量检测、桥梁检测等,经常是具有直接的生产目的,它是以实际建筑物或结构构件为试验对象,经过试验对具体结构作出正确的技术结论。这类试验经常用来解决以下有关问题:

1)为工程改建或加固判断结构的实际承载能力

对于旧有建筑的扩建加层或进行加固,在单凭理论计算不能得到分析结论时,经常需通过试验来确定这些结构的潜在能力,这对于缺乏旧有结构的设计计算与图纸资料时,在要求改变结构工作条件的情况下更有必要。

2)为处理工程事故提供技术根据

对于遭受地震、火灾、爆炸等原因而受损的结构,或在建造和使用过程中发现有严重缺陷的危险性建筑,也往往有必要进行详细的检验。唐山地震后,为对北京农业展览馆主体结构加固的需要,通过环境随机振动试验,采用传递函数谱进行结构模态分析,并通过振动分析获得该结构模态参数。

3)检验结构可靠性、估算结构剩余寿命

已建结构随着建造年份和使用时间的增长,结构物逐渐出现不同程度的老化现象,有的已到了老龄期、退化期和更换期,有的则到危险期。为了保证已建建筑的安全使用,尽可能地延长它的使用寿命和防止建筑物破坏、倒塌等重大事故的发生,国内外对建筑物的使用寿命,特别是对使用寿命中的剩余期限(即剩余寿命)特别关注。通过对已建建筑进行观察、检测和分析普查后,按可靠性鉴定规程评定结构所属的安全等级,由此推断其可靠性和估计其剩余寿命。可靠性鉴定大多数采用非破损检测的试验方法。

4)鉴定预制构件的质量

对于在构件厂或现场成批生产的钢筋混凝土预制构件,在构件出厂或现场安装之前,必须根据科学抽样试验的原则,按照预制构件质量检验评定标准和试验规程的要求,通过少量试件的试验,推断成批产品的质量。

(2)科研性试验

科学研究性试验的目的在于:

①验证结构设计计算的各种假定;

②制定各种设计规范;

③发展新的设计理论;

④改进设计计算方法;

⑤为发展和推广新结构、新材料及新工艺提供理论与实践的经验。

(3) 生产性试验与科研性试验的区别

前者着重回答是或否,而后者着重寻求影响结构性能的因素、因素之间的关系以及影响规律。

1.2.2　静力试验和动力试验

(1) 静力试验

静力试验是结构试验中最大量、最常见的基本试验,因为大部分土木工程的结构在工作时所承受的是静力荷载,一般可以通过重力或各种类型的加载设备来实现和满足加载要求。静力试验分为结构静力单调加载试验和结构低周反复静力加载试验两种;结构静力单调加载试验的加载过程是从零开始逐步递增一直到结构破坏为止,也就是在一个不长的时间段内完成试验加载的全过程,我们称它为结构静力单调加载试验。

静力试验的最大优点是加载设备相对来讲比较简单,荷载可以逐步施加,还可以停下来仔细观测结构变形的发展,给人们以最明确、最清晰的破坏概念。在实际工作中,对于承受动力荷载的结构,人们为了了解结构在试验过程中静力荷载下的工作特性,在动力试验之前往往也先进行静力试验,结构抗震试验中虽然有计算机与加载器联机试验系统,可以弥补后一种缺点,但设备耗资较大,而且加载周期还是远大于实际结构的基本周期。

(2) 动力试验

对于那些在实际工作中主要承受动力作用的结构或构件,为了研究结构在施加动力荷载作用下的工作性能,一般要进行结构动力试验。如研究厂房承受吊车及动力设备作用下的动力特性,吊车梁的疲劳强度与疲劳寿命问题,多层厂房由于机器设备上楼后所产生的振动影响,高层建筑和高耸构筑物在风载作用下的动力问题,结构抗爆炸、抗冲击问题等,特别是结构抗震性能的研究中除了用上述静力加载模拟以外,更为理想的是直接施加动力荷载进行试验。目前抗震动力试验一般用电液伺服加载设备或地震模拟振动台等设备来进行,对于现场或野外的动力试验,利用环境随机振动试验测定结构动力特性模态参数也日益增多。另外还可以利用人工爆炸产生人工地震的方法,甚至直接利用天然地震对结构进行试验。

由于荷载特性的不同,动力试验的加载设备和测试手段也与静力试验有很大的差别,并且要比静力试验复杂得多。

结构动力试验包括结构动力特性测试试验、结构动力反应测试试验和结构疲劳试验。

1.2.3　伪静力试验和拟动力试验

(1) 伪静力试验

伪静力试验就是利用静力试验的装置来研究结构的某些动力性能的手段。

为了探索结构的抗震性能,在实验室常采用一对使结构能够来回产生变形的水平集中力 P 和 P' 来代替结构地震所产生的力,把水平集中力 P 和 P' 称为结构试验抗震静力,用图 1.3 所示的方式来模拟地震作用的动力试验,它是一种采用一定的荷载控制或变形控制的周期性反复静力荷载试验,加之试验频率也比较低,为区别于一般单调加载静力试验,称之为低周反复静力加载试验;又因为低周反复静力加载试验是采用静力试验的加载手段来验证结构部分动力性能的试验装置,所以也称之

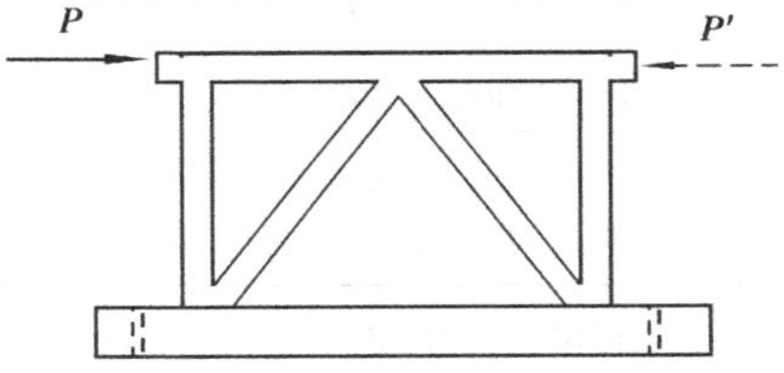

图 1.3　结构伪静力试验示意图

为伪静力试验。目前伪静力试验在国内外结构抗震研究中仍然占有一席之地。

(2)拟动力试验

1)拟动力试验的含义

顾名思义,拟动力试验就是用来模拟结构承受动力作用的试验。在拟动力试验中,首先是通过计算机将震动加速度转换成作用在结构上的位移,以及与此位移相应的作用力 $F(t)$。随着地震波加速度时程曲线的变化,作用在结构上的位移和作用力也跟着变化,这样就可以得出在动力模拟状态下结构连续反应的全过程。

2)拟动力试验的分类

拟动力试验可分为慢频拟动力试验、地震模拟振动台试验和原频拟动力试验(图 1.4)三种,即

拟动力试验 { 慢频拟动力试验
地震模拟振动台试验
原频拟动力试验

慢频拟动力试验是伪静力试验技术后的结构动力试验技术。就是通过计算机-伺服阀-作动器将某地震频率放慢后施加在试验对象上的试验。其特点为:一是通过作动器直接实施作用力于试验对象上,二是放慢了速度的地震过程。

地震模拟振动台试验就是由计算机-伺服阀-作动器-台面将某地震能量缩小后,然后通过台面把动荷载施加在试验对象上的试验。其特点为:一是通过台面间接实施动态作用力于试验对象上,二是缩小了能量的地震过程。

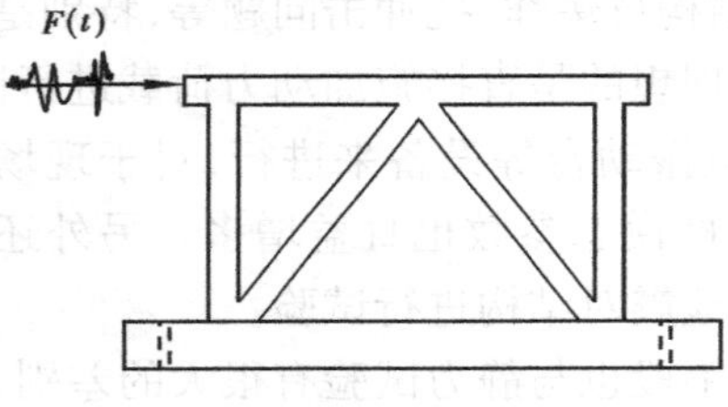

图 1.4　结构拟动力试验示意图

原频拟动力试验就是由计算机-伺服阀-作动器将某地震能量缩小后,将动荷载原速(即按原频率)直接施加在试验对象上的试验。其特点为:一是与地震模拟振动台相比,仅将台面加速运动产生的地震力通过作动器直接作用于试验对象上,二是可以保持原有频率,且荷载大。子结构试验多使用原频拟动力方法。

图 1.4 是模拟地震作用的动力试验的示意图。

(3)伪静力试验与拟动力试验的区别

伪静力试验与拟动力试验在荷载确定方法、荷载与时程的关系、测试结果表达方式、荷载性质等方面都存在一定的区别,对比过程详见表 1.1。

表 1.1　伪静力试验与拟动力试验的比较

序号	伪静力试验	拟动力试验
1	每一步加载目标是试验前假定好的,即是已知的	下一步的加载是根据上一步测量结果经过计算得到的,递推公式是建立在被测结构的离散动力方程基础之上的
2	每一步的加载都是单调静力加载,加载与时程没有关系	每一步的加载都与时程有关系,即真正体现了力是时间的函数
3	测试结果用滞回曲线表示	测试结果可以是时程波线,也可以整理出滞回曲线
4	荷载在本质是静力	荷载在本质是失真的或模拟的动力

1.2.4　真型试验与模型试验

(1) 真型试验

真型是实际结构(即原系统)或者是按实物结构足尺复制的结构或构件(即复制品)。

真型试验一般均用于生产性试验,例如秦山核电站安全壳加压整体性的试验就是一种非破坏性的现场试验。对于工业厂房结构的刚度试验、楼盖承载能力试验等均在实际结构上加载量测,另外在高层建筑上直接进行风震测试和通过环境随机振动测定结构动力特性等均属此类。

在真型试验中另一类就是足尺结构或构件的试验,以往一般对构件的足尺试验做得较多,事实上试验对象就是一根梁、一块板或一榀屋架之类的实物构件,它可以在试验室内试验,也可以在现场进行。

由于结构抗震研究的发展,国内外开始重视对结构整体性能的试验研究,因为通过对这类足尺结构物进行试验,可以对结构构造、各构件之间的相互作用、结构的整体刚度以及结构破坏阶段的实际工作等进行全面观测了解。从 1973 年起,我国各地先后进行的装配整体式框架结构、钢筋混凝土大板结构、砖石结构、中型砌块结构、框架轻板结构等不同开间不同层高的足尺结构试验有 10 多例,其中 1979 年夏季,在上海进行的五层硅酸盐砌块房屋的抗震破坏试验中,通过液压同步加载器加载,在国内足尺结构现场试验中第一次比较理想地测得结构物在低周重复力作用下的特性曲线。在甘肃进行了足尺砌体结构现场爆破震动试验,取得了良好的试验成果。

(2) 模型试验

进行真型结构试验由于投资大、周期长、测量精度受环境因素影响,在物质上或技术上存在某些困难时,人们在结构设计的方案阶段进行初步探索或对设计理论计算方法进行探讨研究时,可以采用比真型结构缩小的模型进行试验。

为了达到能够试验的目的,按照一定的设计条件来模仿原系统,得到原系统的仿制品或复制品,代替原系统来完成试验研究任务。人们把具有原系统全部或部分性能的原系统的仿制品或复制品称为模型。因此,模型就是模拟真型全部性能或部分性能的装置。

(3) 模型的分类

模型按照设计理论的不同分为相似模型和缩尺模型两类。

缩尺模型试验是结构试验常用的研究形式之一,它有别于相似模型试验。采用缩尺模型进行试验,不依靠相似理论,无须考虑相似比例对试验结果的影响,即试验不要求满足严格的相似条件,试验对象就是一个完整的结构或构件,试验结果无须还原,也无法还原,只需用试验的结果与结构原理论的计算值进行对比来研究结构的部分性能,验证设计假定与计算方法的正确性,并认为这些结果所证实的一般规律与计算理论可以推广到实际结构中去。

1.2.5　短期荷载试验和长期荷载试验

(1) 短期荷载试验

对于主要承受静力荷载的结构构件实际上荷载经常是长期作用的。但是在进行结构试验时限于试验条件、时间和基于解决问题的步骤,我们不得不大量采用短期荷载试验,即荷载从零开始施加到最后结构破坏或到某阶段进行卸荷的时间总和只有几十分钟、几小时或者几天。

对于承受动荷载的结构,即使是结构的疲劳试验,整个加载过程也仅在几天内完成,与实际工作有一定差别。对于爆炸、地震等特殊荷载作用时,整个试验加载过程只有几秒甚至是微秒或毫秒级的时速,这种试验实际上是一种瞬态的冲击试验。所以严格地讲这种短期荷载试验不能代替长期荷载试验。这种由于具体客观因素或技术的限制所产生的影响,我们在分析试验结果时就必须加以考虑。

(2)长期荷载试验

对于研究结构在长期荷载作用下的性能,如混凝土结构的徐变、预应力结构中钢筋的松弛等就必须要进行静力荷载的长期试验。这种长期荷载试验也可以称为持久试验,它将连续进行几个月或几年时间,通过试验以获得结构变形随时间变化的规律。

1.2.6 试验室试验和现场(原位)试验

(1)实验室试验

结构和构件的试验可以在有专门设备的实验室内进行,也可以在现场进行。

试验室试验由于具备良好的工作条件,可以应用精密和灵敏的仪器设备,具有较高的准确度,甚至可以人为地创造一个适宜的工作环境,以减少或消除各种不利因素对试验的影响,所以适宜于进行研究性试验。这样有可能突出研究的主要方向,而消除一些对试验结构实际工作有影响的次要因素。

(2)现场原位试验

现场原位试验与室内试验相比,由于客观环境条件的影响,不宜使用高精度的仪器设备来进行观测,相对来看,进行试验的方法也可能比较简单粗率,所以试验精度较差。现场试验多数用以解决生产性的问题,所以大量的试验是在生产和施工现场进行,有时研究的对象是已经使用或将要使用的结构物,现场试验也可获得实际工作状态下的数据资料。

1.3 建筑结构试验的发展

1949年前,我国处于半封建半殖民地社会,根本没有这门学科。1949年后,结构试验和其他科学一样,获得了迅速的发展。现在,我国已建立了一批各种规模的结构试验室,拥有一支实力雄厚的专业技术队伍,并积累了丰富的试验技术经验。

例如在1953年,对长春市25.3 m的酒杯形输电铁塔的原型试验,是我国第一次规模较大的结构试验。试验时,垂直荷载用吊盘施放铁块,水平荷载用人工绞车施加。当时国内尚无电测仪器,用手持式引伸仪及杠杆引伸仪测量应变,用经纬仪观测水平变形。

1956年,各有关大学开始设置结构试验课程,各建筑科学研究机构和高等学校也开始建立结构试验室,同时也开始生产一些测试仪器和设备。

1957年,对武汉长江大桥进行了静力和动力试验,这是我国桥梁建筑史上第一次正规化验收工作。

1959年,北京车站建造时,对中央大厅的35 m×35 m双曲薄壳进行了静力试验。

1973年,对上海体育馆和南京五台山体育馆进行了网架模型试验。在此之后,在北京、昆明、南宁、兰州等地先后进行了十余次规模较大的足尺结构抗震试验。

1977 年，我国制定了"建筑结构测试技术的研究"的八年规划，为使测试技术达到现代化水平奠定了良好的基础。

现在，全国各地进行的各种类型的结构试验，日益增多，不胜枚举。

此外，大型结构试验机、模拟地震台、大型起振机、高精度传感器、电液伺服控制加荷系统、信号自动采集系统等各种仪器设备和测试技术的研制，以及大型试验台座的建立，标志着我国结构试验达到一个新的水平。

目前，随着智能仪器的出现，计算机和终端设备的广泛使用，各种试验设备自动化水平的提高，将为结构试验开辟新的广阔前景。

1.4　本校结构工程学科发展简介

（教学内容由任课教师自己完成）

小　结

建筑结构试验是通过试验组织、使用测试设备、测试一组参数，从而判断结构承载能力的一门学科。其作用有：发展结构理论、发现结构设计问题、验证结构理论、鉴定结构质量、规范结构技术、发展测试技术等。

结构试验的类别有：生产性试验和科研性试验、静力试验和动力试验、伪静力试验和拟动力试验、真型试验与模型试验、短期荷载试验和长期荷载试验、试验室试验和现场试验等。

习　题

1.1　建筑结构试验分为哪几类？有何作用？

1.2　静力试验与动力试验、伪静力试验与拟动力试验、原型试验与模型试验有何联系与区别？

1.3　对建筑结构测试技术的发展你了解多少？

第2章 建筑结构试验设计

2.1 概 述

2.1.1 建筑结构试验组织计划的意义

(1)结构试验特点的要求

①建筑结构试验没有固定的模式 结构试验不像建筑材料实验,有规范化的仪器仪表,有规范化的实验程序和要求,实验工作从头到尾都是标准化的,结构试验的个别性很强,一个试验和另一个试验的组织内容不可能完全一样。

②建筑结构试验耗资较大 结构试验试件的设计要求比较特殊,施工成本较高,实验设备数量多、品种多,试验人员数量多,易耗品数量大、费用高,测点数量多、品种也多,使实验组织工作的难度较大、成本高。试验一旦失败,其损失难以挽回,即结构试验的重复性差。

③建筑结构试验周期长 结构试验的耗时量大是其又一特点。

(2)关系到试验的成败

俗语讲得好,“良好的开头是成功的一半”。结构试验也是如此,不完整的试验方案只能导致试验的失败。下面举例说明:

某钢管空心混凝土受弯构件抗弯试验的两个方案对比见图2.1所示。

在图2.1中,“1”表示压梁及其垫块,“2”表示支墩及其垫块,“θ”表示倾角传感器,“Φ”表示位移传感器,“↓”表示荷载。

方案的错误有:

①“1”处试件的上表面没有位移传感器,使试件悬臂端实际位移因产生一个增加量Δ_1而失真,如图2.2(a)所示。

②“2”处左上方试件的上表面没有倾角传感器,使试件悬臂端实际位移因产生一个增加量Δ_2而失真,如图2.2(b)所示。

③“2”处右上方的位移传感器没有布置在其上方试件的下表面,使试件悬臂端实际位移因产生一个增加量Δ_3而失真,如图2.2(c)所示。

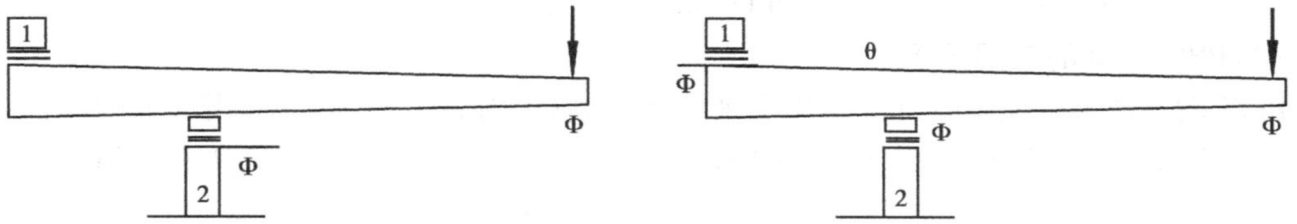

图2.1　某钢管空心混凝土受弯构件抗弯试验组织方案对比图

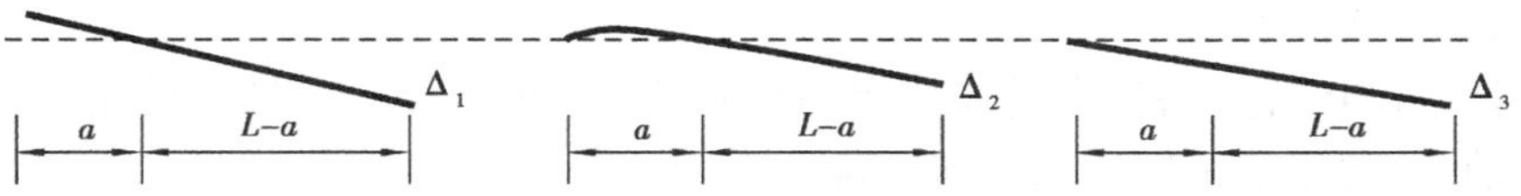

图2.2　位移增量分析简图

(3)体现技术水平和管理水平的窗口

组织者优秀的组织才华和组织艺术均体现在细致周全的组织方案中,如图2.1所示的两方案中,哪个方案优秀则一目了然。

从以上四个方面充分证明了结构试验组织计划工作的重要性。

2.1.2　PPIS 循环概念

(1)PPIS 循环

工作任务或劳动任务总是分阶段来完成的。比如教育就有小学、中学、大学三个大的阶段;又如基本建设就有项目建议、可行性论证、立项、设计、施工、试车投产以及项目总结等几个明显的阶段;再如竞技节目就有艺术设计、排练或训练、表演或比赛、总结与提高等阶段,等等。类似的例子不胜枚举。

一般地,一个具体的工作可以划分为设计(plan)、准备(prepare)、实施(implement)和总结(summarize)等四个阶段,前一个阶段是后一个阶段的基础,后一个阶段是前一个阶段的结果。

①计划阶段(P)主要解决干什么?在哪儿干?何时干?由谁干?怎么干?等问题,是一项劳动任务的承担者在纸面上或在脑海里进行组织劳动的过程,是PPIS循环中非常关键的一个阶段。计划阶段包括下面4个具体步骤:

a.分析工作现状,认准工作对象,明确工作目标。

b.把握工作性质,分析其原因或影响因素,在各原因或影响因素中找出主要的原因和影响。

c.分析目前影响工作的有利条件与不利条件。

d.制订完成工作的具体方案。

②准备阶段(P)为实施阶段奠定基础,实现从计划阶段到实施阶段的过渡,是PPIS循环中很重要的一个阶段。“不打无准备之仗”正是准备阶段重要性的体现。

③实施阶段(I)是一次大检验,检验计划的周密性,检验准备的充分性。实施阶段更是产生结果的过程,是PPIS循环中很突出的一个阶段。

④总结阶段(S)首先是将实施结果与计划目标进行对比,找出差距,肯定成绩,然后是总结经验,巩固措施;同时也是把提出的尚未解决的问题,转入下一个循环,再来研究措施,制订

计划,予以解决的过程。总结阶段是 PPIS 循环中很必要的一个阶段。

(2) PPIS 循环的应用范围

PPIS 循环体系是质量管理专家提出来的,但其思想内涵很深,可以应用的范围非常广泛,遍布各行各业。可以这样理解,PPIS 循环是处理矛盾的具体过程,所以只要有矛盾存在,PPIS 循环就存在。

(3) PPIS 循环的特点

①连续性　PPIS 循环的 4 个阶段缺一不可,必须连续存在,缺少任意一个环节,则循环无法继续进行,如图 2.3 所示。

②有序性　PPIS 循环各阶段的先后次序不能颠倒。就好像一只转动的车轮,在解决问题中依次滚动前进,逐步使工作质量得到提高。

③层次性　PPIS 循环在处理问题的不同层次都存在,比如在企业内部,整个企业的运转是一个大循环,企业各部门又有中层循环。每个人还有自己完成任务的小循环。上循环是下循环的依据,下循环又是上循环的内容。

④嵌套性　PPIS 循环在循环的每一个环节中又存在独立的小循环,比如 P 中有自己的 PPIS,P 中又有自己的 PPIS,并且 S 中的 P 还有更小的 PPIS,直至劳动者个体是最后一级 PPIS 循环的组织者。

⑤广泛性　因为矛盾处处存在且时时存在,所以 PPIS 循环也是无处不在处处在,无时不存时时存。

⑥关键性　PPIS 循环的关键是在 P 阶段,它是标准化的基础,是获得良好劳动成果可能性的基础,是指导同级其他循环环节的关键。

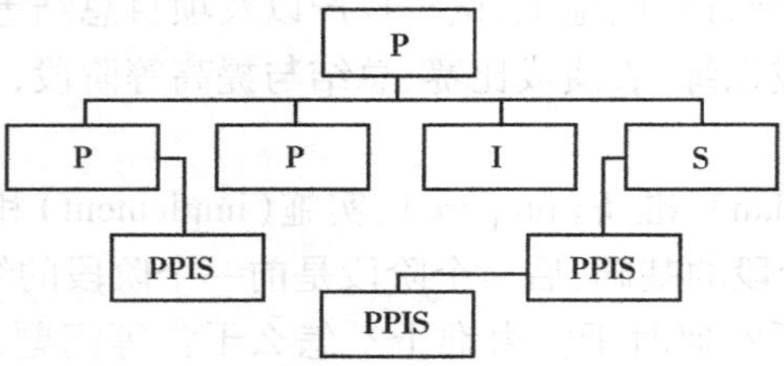

图 2.3　PPIS 循环内容及其关系

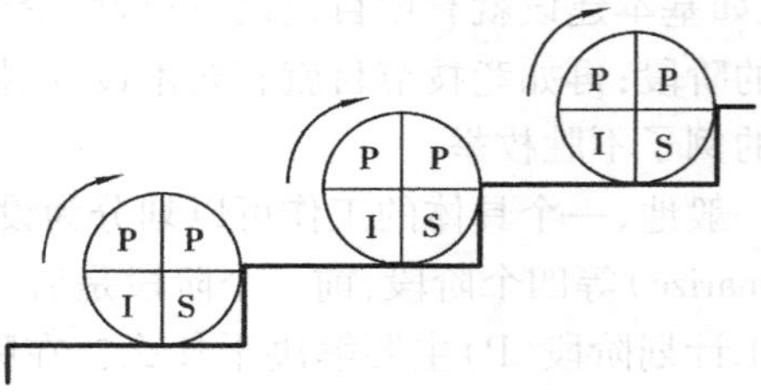

图 2.4　PPIS 循环特点示意图

⑦重复性　PPIS 循环不是在原地转动,而是在滚动中前进。周而复始,重复出现。

⑧进步性　每个循环结束,质量提高一步,水平上升一层,组织方法进步一次。

4 个阶段,周而复始,循环一回,改善一次,提高一步,螺旋上升,如图 2.4 所示。

2.1.3　结构试验的 PPIS 循环规律

(1) 计划阶段

结构试验是一项细致复杂的工作,必须严格认真地对待,任何疏忽都会影响试验结果或试验的正常进行,甚至导致试验失败或危及人身安全,因此在试验前需对整个试验工作作出规划。

规划阶段首先要反复研究试验目的,充分了解体会试验的具体任务,进行调查研究,搜集有关资料,包括在这方面已有哪些理论假定,作过哪些试验,及其试验方法、试验结果和存在的问题等。在以上工作的基础上确定试验的性质与规模。若为研究性试验,应提出本试验拟研究的主要参量以及这些参量在数值上的变动范围,并根据实验室的设备能力确定试件的尺寸和量测项目及量测要求,最后,提出试验大纲。

(2)准备阶段

试验准备工作要占全部试验工作的大部分时间,工作量也最重。试验准备工作的好坏直接影响到试验能否顺利进行和能获得试验结果的多少。有时由于准备工作上的疏忽大意会使试验只取到很少的结果,因此切勿低估准备工作阶段的复杂性和重要性。试验准备阶段的主要工作如图 2.5 所示。

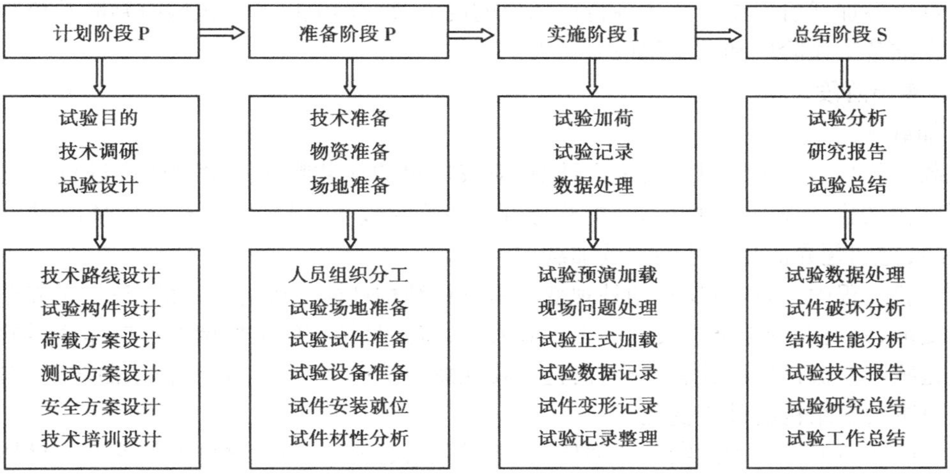

图 2.5　结构试验 PPIS 循环四阶段的内容及关系示意图

①试件的制作。试验研究者应亲自参加试件制作,以便掌握有关试件质量的第一手资料。试件尺寸要保证足够的精度。

在制作试件时还应注意材性试样的留取,试样必须能真正代表试验结构的材性。

材性试件必须按试验大纲上规划的试件编号进行编号,以免不同组别的试件混淆。

在制作试件过程中应作施工记录日志,注明试件日期、原材料情况,这些原始资料都是最后分析试验结果不可缺少的参考资料。

②试件质量检查。包括试件尺寸和缺陷的检查,应作详细记录,纳入原始资料。

③试件安装就位。试件的支承条件应力求与计算简图一致。一切支承零件均应进行强度验算并使其安全储备大于试验结构可能有的最大安全储备。

④安装加载设备。加载设备的安装应满足“既稳又准找方便,有强有刚求安全”的要求,即就位要稳固准确方便,固定设备的支撑系统要有一定的强度、刚度和安全度。

⑤仪器仪表的率定。对测力计及一切量测仪表均应按技术规定要求进行率定,各仪器仪表的率定记录应纳入试验原始记录中,误差超过规定标准的仪表不得使用。

⑥作辅助试验。辅助试验多半在加载试验阶段之前进行,以取得试件材料的实际强度,便于对加载设备和仪器仪表的量程等作进一步的验算。但对一些试验周期较长的大型结构试验或试件组别很多的系统试验,为使材性试件和试验结构的龄期尽可能一致,辅助试验也常常和正式试验同时穿插进行。

⑦仪表安装、连线试调。仪表的安装位置、测点号,在应变仪或记录仪上的通道号等都应严格按照试验大纲中的仪表布置图实施,如有变动,应立即做好记录,以免时间长久后回忆不清而将测点混淆。这会使结果分析十分困难,甚至最后只好放弃这些混淆的测点数据,造成不可挽回的损失。

⑧记录表格的设计准备。在试验前应根据试验要求设计记录表格,其内容及规格应周到详细地反映试件和试验条件的详细情况,以及需要记录和量测的内容。记录表格的设计反映试验组织者的技术水平,切勿养成试验前无准备地在现场临时用白纸记录的习惯。记录表格上应有试验人员的签名并附有试验日期、时间、地点和气候条件。

⑨算出各加载阶段试验结构各特征部位的内力及变形值以备在试验时判断及控制。

⑩在准备工作阶段和试验阶段应每天记工作日志。

(3)实施阶段

1)加载试验

加载试验是整个试验过程的中心环节,应按规定的加载顺序和量测顺序进行。重要的量测数据应在试验过程中随时整理分析并与事先估算的数值比较,发现有反常情况时应查明原因或故障,把问题弄清楚后才能继续加载。

在试验过程中,结构所反映的外观变化是分析结构性能的极为宝贵的资料,对节点的松动与异常变形,钢筋混凝土结构裂缝的出现和发展,特别是结构的破坏情况都应作详尽的记录及描述。这些容易被初作试验者忽略,而把主要注意力集中在仪表读数或记录曲线上,因此应分配专人负责观察结构的外观变化。

试件破坏后要拍照和测绘破坏部位及裂缝简图,必要时,可从试件上切取部分材料测定力学性能,破坏试件在试验结果分析整理完成之前不要过早毁弃,以备进一步核查。

2)试验资料整理

试验资料的整理是将所有的原始资料整理完善,其中特别要注意的是试验量测数据记录和记录曲线,都作为原始数据经负责记录人员签名后,不得随便涂改。经过处理后得到的数据不能和原始数据列在同一表格内。

一个严格认真的科学实验,应有一份详尽的原始数据记录,连同试验过程中的观察记录,试验大纲及试验过程中各阶段的工作日志,作为原始资料,在有关的试验室内存档。

试验总结阶段的工作内容包括以下几个方面的内容:

①试验数据处理。因为从各个仪表获得和量测的数据和记录曲线一般不能直接解答试验任务所提出的问题,它们只是试验的原始数据,需对原始数据进行科学的运算处理才能得出试验结果。

②试验结果分析。试验结果分析的内容是分析通过试验得出了哪些规律性的东西,揭示了哪些物理现象。最后,应对试验得出的规律和一些重要的现象作出解释,分析它们的影响因素,将试验结果和理论值进行比较,分析产生差异的原因,并作出结论,写出试验总结报告。总结报告中应提出试验中发现的新问题及进一步的研究计划。

③完成试验报告。

2.2　试验前期工作

2.2.1　调研

试验研究的首要任务是对试验项目进行广泛的调查研究，其目的就是知己知彼，有的放矢。调查工作的内容有相关研究项目已有的研究成果和试验方法。调查的方法有实地调查、信函调查、电话调查和网上调查等。各方法各有侧重，各有长短，应区别应用。

若对实物进行调查，比如灾害调查，应用实地调查尤其是项目负责人亲自进行实地调查，直观性强、感受深刻、易发现问题、信息量大，有明显的优势。其缺点就是时间相对较长，耗费人力，成本高。

信函调查用于简单问题调查，只需对方回答是与否或方向性信息等，不宜进行内容量大、劳动量大的调查。

电话调查的优势在于时间短速度快。若要进行文字资料查询，网上调查的手段最好。

2.2.2　确定研究路线

(1)研究路线的含义

研究路线也称技术路线，是指完成一项试验研究任务要经过的起始点、中转点和结束点等若干个技术环节上所有内容顺序的方式。简言之，就是从哪儿入手，依靠什么原理、采用什么方法、经过哪些技术环节才能到达怎么样的理想的目的地。

一项任务的技术路线很可能有若干个，究竟哪一条为最优，在不同的条件下，则有不同的答案。技术路线设计就是要寻求这一最优的答案。

(2)研究路线的作用

①反映研究项目组织者的技术水平和业务能力；

②反映研究方法的可行程度；

③是研究小组分工的依据；

④研究路线是进行科研项目申请的重要内容，关系到研究项目的成败；在试验研究阶段，一条清晰的技术路线是研究工作能够有条不紊地进行的依据。

(3)研究路线的内容

研究路线的内容：一是指项目研究能够进行的条件，如已经建立的基础，包括理论基础和试验基础；二是指完成本项目研究内容必须经过的技术途径与理论依据，以及针对难点问题的对策等。

(4)研究路线的制定

研究路线制定的过程可理解为：认真调查研究，掌握基础资料；扩大消息来源，查清已有技术；规划技术路线，寻找研究方法；预计困难障碍，探讨攻克对策。

2.2.3　其他工作

其他工作方案主要有人员分工方案、技术准备方案、时间进度方案、经费预算方案和试验安全方案。

2.3 试验构件设计

试件设计应包括试件形状、试件尺寸与数量以及构造措施,同时还必须满足结构与受力的边界条件、试验的破坏特征、试验加载条件的要求,要能够反映研究的规律,能够满足研究任务的需要,以最少的试件数量得到最多的试验数据。

2.3.1 试件形状

在设计试件形状时,虽然和试件的比例无关,但最重要的是要造成和设计目的相一致的应力状态。这个问题对于静定系统中的单一构件,如梁、柱、桁架等,一般构件的实际形状都能满足要求,问题比较简单。但对于从整体结构中取出部分构件单独进行试验时,特别是在比较复杂的超静定体系中必须要注意其边界条件的模拟,使其能如实反映该部分结构构件的实际工作。

当作如图 2.6(a)所示受水平荷载作用的框架结构应力分析时,若作 A-A 部位柱脚、柱头部分的试验,试件需要设计成如图 2.6(b);若作 B-B 部位的试验,试件需要设计成图 2.6(c);对于梁设计成如图 2.6(f)、(g)那样的形状,则应力状态可与设计目的相一致。

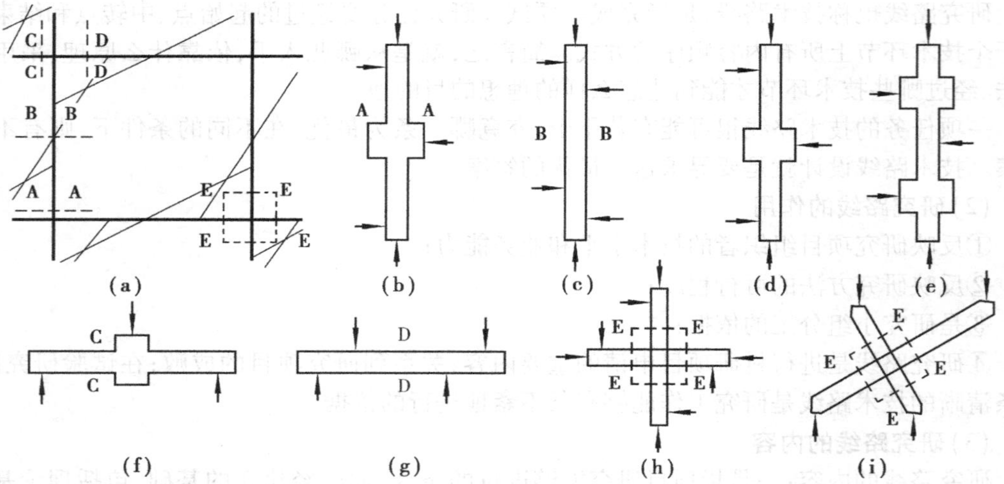

图 2.6 框架结构中的梁柱和节点试件

作钢筋混凝土柱的试验研究时,若要探讨其挠曲破坏性能,如图 2.6(d)的试件是足够的,但若作剪切性能的探讨,则图 2.6(d)反弯点附近的应力状态与实际应力情况有所不同,为此有必要用图 2.6(e)中的反对称加载的试件。

在作梁柱连接的节点试验时,试件受力有轴力、弯矩和剪力的作用,这样的复合应力使节点部分发生复杂的变形,但其中主要是剪切变形,以致节点部分由于大剪力作用会发生剪切破坏。为了探求节点的强度和刚度,使其能充分反映应力分布的真实状态,避免在试验过程梁柱部分先于节点破坏,在试件设计时必须事先对梁柱部分进行足够加固,以满足整个试验能达到预期的效果。这时对于十字形试件如图 2.6(h)，节点两侧梁柱的长度一般取 1/2 梁跨和 1/2 柱高，即按框架承受水平荷载时产生弯矩点($M=0$)的位置来决定。边柱节点可采用 T 字形试件。当试验目的是为了了解设计应力状态下的结构性能，并同理论作对比时，需要用如图 2.6(i)的 X 形试件。为了使在 X 形试件中再现实际的应力状态，必须根据设计条件给定的各个力的大小和关系来确定试件的尺寸。

以上所示的任一种试件的设计，其边界条件的实现尚与试件的安装、加载装置与约束条件等有密切关系，这必须在试验总体设计时进行周密考虑，才能付诸实施。

2.3.2　试件尺寸

结构试验所用试件的尺寸和大小，从总体上分为真型、模型和小试件三类。

(1)真型试验

国内外多层足尺房屋或框架试验研究的实践证明：足尺真型试验并不合算，要想解决的问题(如抗震能力的评定)解决不了，而足尺能解决的问题(如破坏机制等)小比例尺试件也行。虽然足尺结构具有反映实际构造的优点，若把试验所耗费的经费和人工用来作小比例尺试验，可以大大增加试验的数量和品种，而且试验室的条件比野外现场要好，测试数据的可信度也高。

(2)小试件或模型试验

作为基本构件性能研究，压弯构件取截面边长 16 ~ 35 cm，短柱(偏压剪)取截面边长 15 ~ 50 cm，双向受力构件取截面边长 10 ~ 30 cm 为宜。

剪力墙尺寸取真型的 1/10 ~ 1/3 为宜。我国昆明、南宁等地先后进行过装配式混凝土和空心混凝土大板结构的足尺房屋试验。

局部性的试件尺寸可取为真型的 1/4 ~ 1，整体性结构试验的试件可取 1/10 ~ 1/2。

砖石及砌块的砌体试件的合理尺寸应该是不大又不小，一般取真型的 1/4 ~ 1/2。我国兰州、杭州与上海等地先后作过四幢足尺砖石和砌块多层房屋的试验。

试件太小则为微型试件，试验时要考虑尺寸效应。微型试件的范围大致是砖块尺寸为 1.5 cm × 3 cm × 6 cm 以内的砌体，普通混凝土的截面小于 10 cm × 10 cm，砖砌体小于 74 cm × 36 cm，砌块砌体小于 60 cm × 120 cm 的试件。

对于动力试验，试验尺寸经常受试验激振加载条件因素的限制，一般可在现场的真型结构上进行试验，测量结构的动力特性。对于在试验室内进行的动力试验，可以对足尺构件进行疲劳试验。至于在模拟振动台上试验时，由于受振动台台面尺寸和激振力大小等参数限制，一般只能作模型试验。国内在地震模拟振动台上已经完成一批比例在 1/50 ~ 1/4 的结构模型试验。日本为了满足原子能反应堆的足尺试验的需要，研制了负载为 1 000 t，台面尺寸为 15 m × 15 m，垂直水平双向同时加震的大型模拟地震振动台。

2.3.3　试件数目

在进行试件设计时，除了对试件的形状尺寸应进行仔细研究外，对于试件数目即试验量的设计也是一个不可忽视的重要问题，因为试验量的大小直接关系到能否满足试验的目的、任务以及整个试验的工作量问题，同时也受试验研究、经费和时间的限制。

对于生产性试验，一般按照试验任务的要求有明确的试验对象。试验数量应执行相应结构构件质量检验评定标准，这里不再赘述。

对于科研性试验，其试验对象是按照研究要求而专门设计的，这类结构的试验往往是属于某一研究专题工作的一部分。特别是对于结构构件基本性能的研究，由于影响构件基本性能的参数较多，所以要根据各参数构成的因子数和水平数来决定试件数目，参数多则试件的数目也自然会增加。

因子是对试验研究内容有影响的发生变化的影响因素，因子数是实验中变化着的影响因素的个数，不变化的影响因素不是因子数。水平即为因子可改变的试验档次，水平数则为变化着的影响因素的试验档次数。

试验数量的设计方法有 4 种，即优选法、因子法、正交法和均匀法。这 4 种方法是 4 门独立的学科，下面仅仅将其特点作一点描述。

(1)优选设计法

针对不同的试验内容，利用数学原理合理安排试验点，用步步逼近、层层选优的方式以求迅速找到最佳试验点的试验方法称为优选法。

单因素问题设计方法中的 0.618 法是优选法的典型代表。优选法对单因素问题试验数量设计的优势最为显著，其多因素问题设计方法已被其他方法所代替。

有关优选法的具体内容详见《优选法》的各种版本。

(2)因子设计法

因子设计法又称全面试验法或全因子设计法，试验数量等于以水平数为底以因子数为次方的幂函数，即

$$试验数=水平数^{因子数}$$

因子设计法试验数的设计值见表 2.1。

表 2.1　用因子法计算试验数量

因子数	水平数			
	2	3	4	5
1	2	3	4	5
2	4	9	16	25
3	8	27	64	125
4	16	81	256	625
5	32	243	1 024	3 125

由表 2.1 可见，因子数和水平数稍有增加，试件的个数就极大地增多，所以因子设计法在结构试验中不常采用。

(3)正交设计法

在进行钢筋混凝土柱剪切强度的基本性能试验研究中，以混凝土强度、配筋率、配箍率、轴向应力和剪跨比作为设计因子，如果利用全因子法设计，当每个因子各有 2 个水平数时，试验试件数应为 32 个。当每个因子有 3 个水平数时，则试件的数量将猛增为 243 个，即使混凝土强度等级取一个级别，即采用 C20，视为常数，试验试件数仍需 81 个，这样多的试件实际上是很难做到的。

为此试验工作者在试验设计中经常采用一种解决多因素问题的试验设计方法——正交试验设计法，主要应用根据均衡分散、整齐可比的正交理论编制的正交表来进行整体设计和综合比较的，科学地解决了各因子和水平数相对结合可能参与的影响，也妥善地解决了试验所需要的试件数与实际可行的试验试件数之间的矛盾，即解决了实际所作小量试验与要求全面掌握内在规律之间的矛盾。

现仍以钢筋混凝土柱剪切强度基本性能研究问题为例，用正交试验法作试件数目设计。如果同前面所述主要影响因素为 5，而混凝土只用一种强度等级 C20，这样实际因子数只为 4，当每个因子各有 3 个档次，即水平数为 3，详见表 2.2。

表 2.2　钢筋混凝土柱剪切强度试验分析因子与水平数

主要分析因子		因子档次（因子数）		
代号	因子名称	1	2	3
A	钢筋配筋率	0.4	0.8	1.2
B	配箍率	0.2	0.33	0.5
C	轴向应力	20	60	100
D	剪跨比	2	3	4
E	混凝土强度等级 C20	13.5 MPa		

根据正交表 $L_9(3^4)$，试件主要因子组合见表 2.3。这一问题通过正交设计法进行设计，原来需要 81 个试件可以综合为 9 个试件。

表 2.3　试件主要因子组合

试件数量	A	B	C	D	E
	配筋率	配箍率	轴向应力	剪跨比	混凝土强度/MPa
1	0.4	0.20	20	2	C20
2	0.4	0.33	60	3	C20
3	0.4	0.50	100	4	C20
4	0.8	0.20	60	4	C20
5	0.8	0.33	100	2	C20
6	0.8	0.50	20	3	C20
7	1.2	0.20	100	3	C20
8	1.2	0.33	20	4	C20
9	1.2	0.50	60	2	C20

上述例子的特点是：各个因子的水平数均相等，试验数正好等于水平数的平方，即

$$试验数 = (水平数)^2$$

当试验对象各个因子的水平数互不相等时，试验数与各个因子的水平数之间存在下面的关系，即

$$试验数=(水平数1)^2\times(水平数2)^2\times\cdots$$

正交设计表中多数试验数能够符合这一规律，比如正交表 $L_4(2^3)$ 的试验数就等于 $2^2=4$，$L_{16}(4\times2^{12})$ 的试验数就等于 $4^2=16$。

正交表除了 $L_9(3^4)$、$L_4(2^3)$、$L_{16}(4\times2^{12})$ 外，还有 $L_{16}(4^5)$、$L_{16}(4^2\times2^9)$、$L_{16}(4^3\times2^6)$ 等。L 表示正交设计，其他数字的含义用下式表示，即

$$L_{试验数}(水平数1^{相应因子数}\times水平数2^{相应因子数})$$

注意：上面的"$水平数1^{相应因子数}\times水平数2^{相应因子数}$"不是计算公式。

$L_{16}(4^2\times2^9)$ 的含义是某试验对象有 11 个影响因素，其中 4 个水平数的因素有两个，两个水平数的因素有 9 个，其试验数为 16。

试件数量设计是一个多因素问题，在实践中我们应该使整个试验的数目少而精，以质取胜，切忌盲目追求数量；要使所设计的试件尽可能做到一件多用，即是以最少的试件，最小的人力、经费，以得到最多的数据；要使通过设计所决定的试件数量经试验得到的结果能反映试验研究的规律性，满足研究目的的要求。

有关正交法的具体内容详见《正交设计法》或《试验设计》等教材。

(4)均匀设计法

均匀设计法是由我国著名数学家方开泰、王元在 20 世纪 90 年代合作创建的以数理学和统计学为理论基础，以分散均匀为设计原则的全新设计方法，其最大的优势是能以最少的试验数量，获得最理想的试验结果。

利用均匀法进行设计时，一般地，不论设计因子数有多少，试验数与设计因子的最大水平数相等，即

$$试验数=最大水平数$$

设计表用 $U_n(q^s)$ 表示，其中 U 表示均匀设计法，n 表示试验次数，q 表示因子的水平数，s 表示表格的列数（注意：不是列号），s 也是设计表中能够容纳的因子数。

根据均匀设计表 $U_6(6^4)$，试件主要因子组合见表 2.4 和表 2.5。

表 2.4　$U_6(6^4)$ 使用表

s	列号				D
2	1	3	—	—	0.187 5
3	1	2	3	—	0.265 6
4	1	2	3	4	0.299 0
D 值表示刻画均匀度的偏差，偏差值越小，表示均匀度越好					

表 2.5　$U_6(6^4)$ 设计表

列号		1	2	3	4
水平数	1	1	2	3	6
	2	2	4	6	5
	3	3	6	2	4
	4	4	1	5	3
	5	5	3	1	2
	6	6	5	4	1

表 $U_6(6^4)$ 中，s 可以是 2 或 3 或 4，即因子数可以是 2 或 3 或 4，但最多只能是 4。在这里不难看出，s 越大，均匀设计法的优势越突出。

钢筋混凝土柱剪切强度基本性能研究问题若应用均匀设计法进行设计，原来需要 9 个试件可以综合为 6 个试件，且水平数由原来的 3 个增加至 6 个。

每个设计表都附有一个使用表。试验数据采用回归分析法处理。

有关均匀法的具体内容详见王元、方开泰的著作《均匀设计法》。

2.3.4　结构试验对试件设计的构造要求

在试件设计中，当确定了试验形状、尺寸和数量后，在每一个具体试件的设计和制作过程中，还必须同时考虑试件安装、加荷、量测的需要，在试件上作出必要的构造措施，这对于科研试验尤为重要，例如混凝土试件的支承点应预埋钢垫板以及在试件承受集中荷载的位置上应埋设钢板，以防止试件受局部承压而破坏，如图 2.7(a)所示。

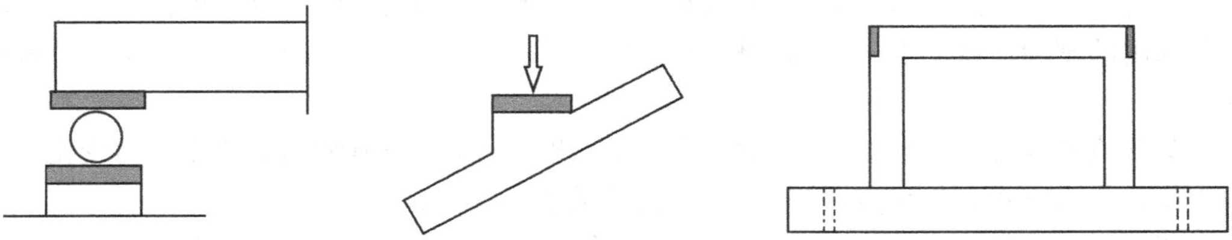

图 2.7　试件设计时考虑加荷需要的构造措施

试件加荷面倾斜时，应作出凸缘，以保证加载设备的稳定设置，如图 2.7(b)所示。

在钢筋混凝土框架作恢复力特性试验时，为了框架端部侧面施加反复荷载的需要，应设置预埋构件以便与加载用的液压加载器或测力传感器连接，为保证框架柱脚部分与试验台的固接，一般均设置加大截面的基础梁，如图 2.7(c)所示。

在砖石或砌块的砌体试件中，为了使施加在试件上的垂直荷载能均匀传递，一般在砌体试件的上下均预先浇捣混凝土垫块，下面的垫梁可以模拟基础梁，使之与试验台座固定，上面的垫梁模拟过梁传递竖向荷载。

在作钢筋混凝土偏心受压构件试验时，在试件两端做成牛腿以增大端部承压面，以便于施加偏心荷载，并在上下端加设分布钢筋网。

这些构造是根据不同加载方法而设计的，但在验算这些附加构造的强度时必须保证其强度储备大于结构本身的强度安全储备，这不仅考虑到计算中可能产生的误差，而且还必须保证它不产生过大的变形以致改变加荷点的位置或影响试验精度。当然更不允许因附加构造的先期破坏而妨碍试验的继续进行。

在试验中为了保证结构或构件在预定的部位破坏，以期得到必要的测试数据，就需要对结构或构件的其他部位事先进行局部加固。

为了保证试验量测的可靠性和仪表安装的方便，在试件内必须预设埋件或预留孔洞。对于为测定混凝土内部的应力而预埋的元件或专门的混凝土应变计、钢筋应变计等，应在浇注混凝土前，按相应的技术要求用专门的方法就位固定，安装埋设在混凝土内部。这些要求在试件的施工图上应该明确标出，注明具体做法和精度要求，必要时试验人员还需亲临现场参加试件的施工制作。

2.4 试验荷载设计

2.4.1 荷载设计的一般要求

正确地选择试验所用的荷载设备和加载方法，对顺利地完成试验工作和保证试验的质量，有着很大的影响。为此，在选择试验荷载和加载方法时，应满足下列几点要求：

①选用的试验荷载的图式应与结构设计计算的荷载图式所产生的内力值完全一致或极为接近；

②荷载值要准确，特别是静力荷载需不随加载时间、外界环境和结构的变形而变化；

③荷载传力方式和作用点明确，产生的荷载数值要稳定；

④荷载分级的数值要参考相应试验结构试验方法的技术要求，同时必须满足试验量测的精度要求；

⑤加载装置本身要有足够的安全性和可靠性，不仅要满足强度要求，还必须按变形条件来控制加载装置的设计（即必须满足刚度要求），防止对试件产生卸荷作用而减轻了结构实际承担的荷载；

⑥加载设备的操作要方便，便于加载和卸载，并能控制加载速度，又能适应同步加载或先后不同步加载的要求；

⑦试验加载方法要力求采用现代化先进技术，减轻体力劳动，提高试验质量。

2.4.2 单调加载静力试验

单调加载静力试验是结构静载试验的典型代表，其荷载按作用的形式有集中荷载和均布荷载；按作用的方向有垂直荷载、水平荷载和任意方向荷载，有单向作用和双向反复作用荷载等。根据试验目的不同，要求试验时能正确地在试件上呈现上述荷载。

(1) 荷载图式的选择与设计

试验荷载在试验结构构件上的布置形式（包括荷载的类型、分布方式等）称为荷载图式。为了使试验结果与理论计算便于比较，加载图式应与理论计算简图相一致，如计算简图为均布荷载，加载图式也应为均布荷载；计算简图为集中荷载，则加载图式也应为简图的集中荷载大小、数量及作用位置。

对试验结构原有设计计算所采用的荷载图式的合理性有所怀疑，经认真分析后，在试验荷载设计时可采用某种更接近于结构实际受力情况的荷载布置方式。

在不影响结构工作和试验成果分析的前提下，由于受试验条件的限制和为了加载的方便，可以改变加载图式，要求采用与计算简图等效的荷载图式。

例如，当试验承受均布荷载的梁或屋架时，为了试验的方便和减少加载用的荷载量，常用几个集中荷载来代替均布荷载，但是集中荷载的数量和位置应尽可能使结构所产生的内力值与均布荷载所产生的内力值符合，由于集中荷载可以很方便地用少数几个液压加载器或杠杆产生，这样不仅简化了试验装置，还可以大大减轻试验加载的劳动量。采用这样的方法时，试验荷载的大小要根据相应等效条件换算得到，因此称为等效荷载。

(2)试验荷载制度

试验荷载制度指的是试验进行期间荷载与时间的关系。正确制定试验的加载制度和加载程序,才能够正确了解结构的承载能力和变形性质,才能将试验结果相互进行比较。

荷载制度包括两个方面的内容:一为加荷卸荷的程序,一为加荷卸荷的大小。

1)荷载程序

荷载种类和加载图式确定后,还应按一定程序加载。荷载程序可以有多种,根据试验的目的、要求来选择,一般结构静力试验的加载分为预载、标准荷载(正常使用荷载)、破坏荷载三个阶段。每次加载均采用分级加载制,卸荷有分级卸荷和一次性卸荷两种。图 2. 8 所示为静力试验荷载程序(也称荷载谱)。

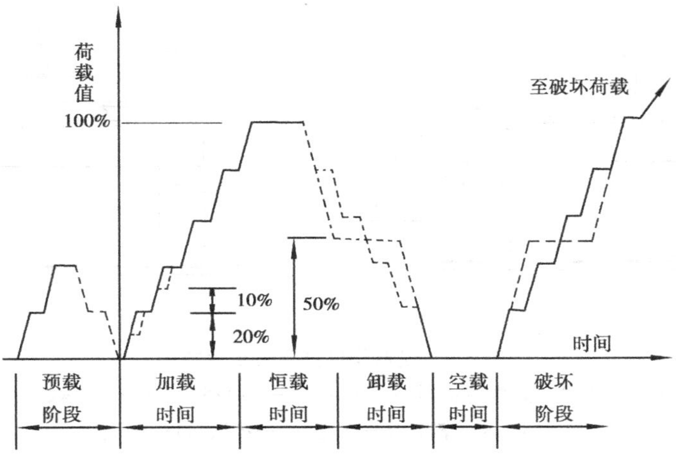

图 2. 8　单调静力荷载试验加载程序

有的试验只加到标准荷载,试验后试件还可使用,现场结构或构件试验常用此法进行;有的试验,当加载到标准荷载恒载后,不卸载即直接进入破坏阶段。

试验荷载分级加(卸)的目的主要是为了方便控制加(卸)载速度和观测分析结构的各种变化,也为了统一各点加载的步调。

2)荷载大小

在试验的不同阶段有不同的试验荷载值。对于预载试验,通过预载可以发现一些潜在问题,并把它解决在正式试验之前,也是正式试验前进行的一次演习,对保证试验工作顺利具有重要意义。

预载试验一般分三级进行,每级不超过标准荷载值的 20%。然后再分级卸载,2 ~ 3 级卸完。加(卸)一级,停歇 10 min。对混凝土等脆性材料,预载值应小于计算发裂荷载值。

对于标准荷载试验,每级加载值宜取标准荷载的 20%,一般分五级加到标准荷载。

对于破坏试验,在标准荷载之后,每级荷载不宜大于标准荷载的 10%;当荷载加到计算破坏荷载的 90% 后,为了求得精确的破坏荷载值,每级应取不大于标准荷载的 5%;需要作抗裂检测的结构,加载到计算开裂荷载的 90% 后,也应改为不大于标准荷载的 5% 施加,直至第一条裂缝出现。

凡间断性加载的试验,均须有卸载的过程,让结构、构件有个恢复弹性变形的时间。

卸载一般可按加载级距进行,也可以加载级距的 2 倍或分两次卸完。测残余变形应在第一次逐级加载到标准荷载完成恒载，并分级卸载后，再空载一定时间：钢筋混凝土结构应大于 1.5 倍标准荷载的加载恒载时间；钢结构应大于 30 min；木结构应大于 24 h。

对于预制混凝土构件，在进行质量检验评定时，可执行《预制混凝土构件质量检验评定标准》（GBJ 321—90）的规定。一般混凝土结构静力试验的加载程序可执行《混凝土结构试验方法标准》（GB 50152—92）的规定。对于结构抗震试验则可按《建筑抗震试验方法规程》的有关规定进行设计。

(3) 试验装置

梁（板）或屋架等受弯构件以及柱（墙）等受压构件的试验装置简图如图 2.9 和图 2.10 所示。

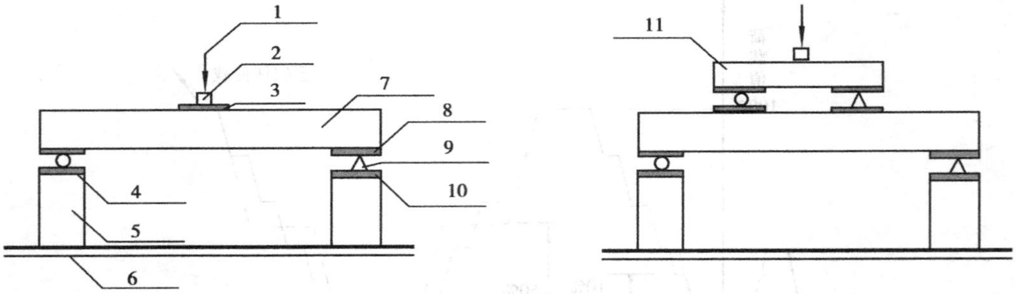

图 2.9 受弯构件试验装置示意图

1—荷载；2—荷载传感器；3—垫块；4—垫块；5—支墩；6—承载台；7—试件；8—垫块；9—支座；10—垫块；11—分配梁

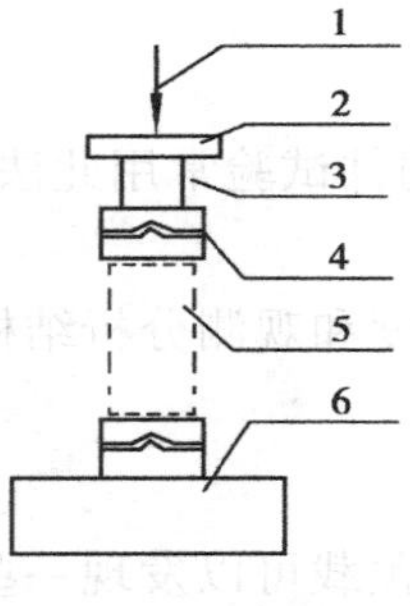

图 2.10 受压构件试验装置示意图

1—荷载；2—垫块；3—荷载传感器；4—支座；5—试件；6—承载台

图 3.1、图 3.2、图 3.18、图 3.20 以及图 3.21 都是受弯构件试验装置的示意图。图 3.3 为受压构件试验装置的示意图。

2.4.3 结构伪静力试验

结构伪静力试验又称结构低周反复试验。进行结构低周反复加载静力试验的目的，首先是研究结构在地震荷载作用下的恢复力特性，确定结构构件恢复力的计算模型。通过低周反复加载试验所得的滞回曲线和曲线所包的面积求得结构的等效阻尼比，衡量结构的耗能能力。从恢复力特性曲线尚可得到与一次加载相接近的骨架曲线及结构的初始刚度和刚度退化等重要参数，其次是通过试验可以从强度、变形和能量等三个方面判别和鉴定结构的抗震性能，第三是通过试验研究结构构件的破坏机理，为改进现行抗震设计方法和修改规范提供依据。

采用伪静力试验的优点是在试验过程中可以随时停止下来，不定期观察结构的开裂和破坏状态，便于检验校核试验数据和仪器的工作情况，并可按试验需要修正和改变加载程序。其不足之处在于试验的加载程序是事先由研究者主观确定的，与地震记录不发生关系，由于荷载是按力或位移对称反复施加，因此与任一次确定性的非线性地震反应相差很远，不能反映出应变速率对结构的影响。

(1) 单向反复加载制度

目前国内外较为普遍采用的单向反复加载方案有控制位移加载、控制作用力加载以及控制作用力和控制位移的混合加载等三种方法。

1) 控制位移加载法

控制位移加载法是目前在结构抗震恢复力特性试验中使用得最普遍和最多的一种加载方案。这种加载方案是在加载过程中以位移为控制值，或以屈服位移的倍数作为加载控制值。这里位移的概念是广义的，可以是线位移，也可以是转角、曲率或应变等参数。

当试验对象具有明确屈服点时，一般都以屈服位移的倍数为控制值。当构件不具有明确的屈服点时（如轴力大的柱子）或干脆无屈服点时（如无筋砌体），则只好由研究者主观制定一个认为恰当的位移标准值来控制试验加载。

对于变幅加载。控制位移的变幅加载如图 2. 11 所示。图中纵坐标是延性系数 μ 或位移值，横坐标为反复加载的周次，每一周以后增加位移的幅值。当对一个构件的性能不太了解时，作为探索性的研究，或者在确定恢复力模型的时候，用变幅加载来研究强度、变形和耗能的性能。

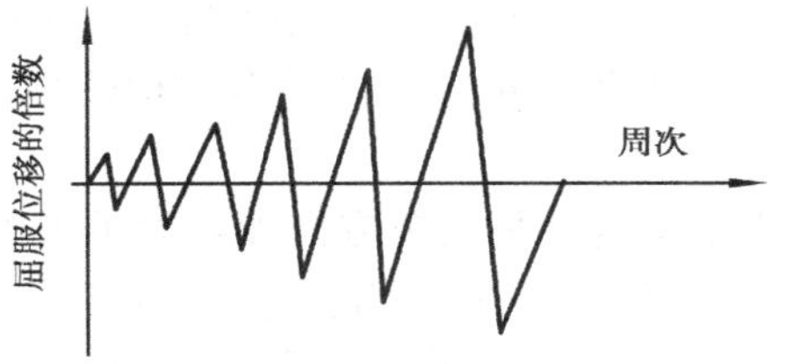

图 2. 11　控制位移的变幅加载制度

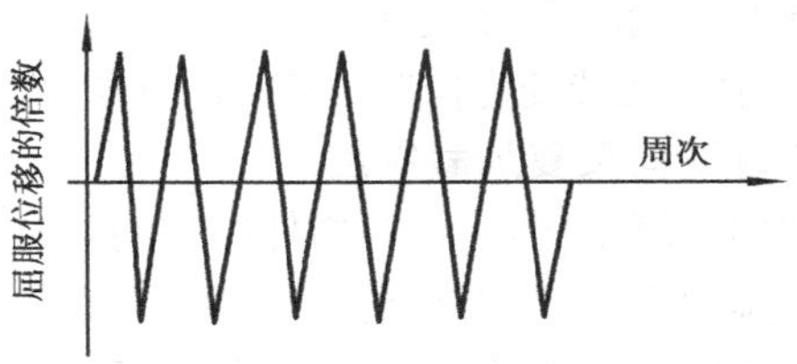

图 2. 12　控制位移的等幅加载制度

对于等幅加载。控制位移的等幅加载如图 2. 12 所示。这种加载制度在整个试验过程中始终按照等幅位移施加，主要用于研究构件的强度降低率和刚度退化规律。

对于变幅等幅混合加载。位移混合加载制度是将变幅、等幅两种加载制度结合起来，如图 2. 13 所示。这样可以综合地研究构件的性能，其中包括等幅部分的强度和刚度变化，以及在变幅部分特别是大变形增长情况下强度和耗能能力的变化。在这种加载制度下，等幅部分的循环次数可随研究对象和要求不同而异，一般可从 2 ~ 10 次不等。

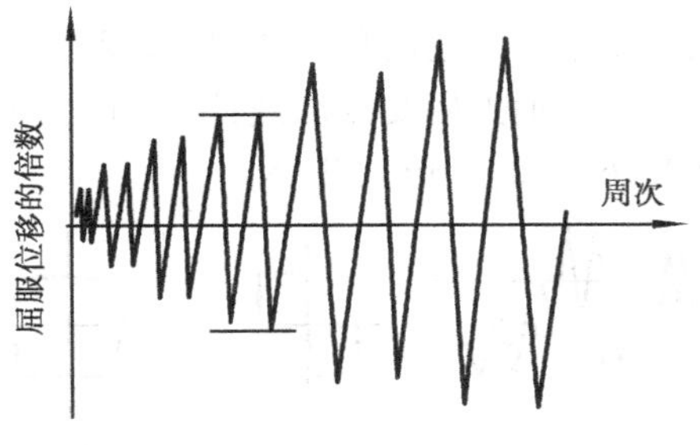

图 2. 13　控制位移的变幅等幅混合加载制度

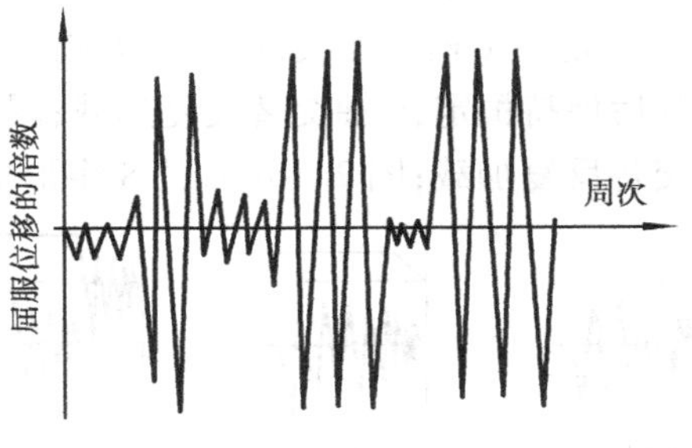

图 2. 14　一种专门设计的变幅等幅混合加载制度

图 2. 14 所示的也是一种位移混合加载制度，在两次大幅值之间有几次小幅值的循环，这是为了模拟构件承受二次地震冲击的影响，其中用小循环加载来模拟余震的影响。

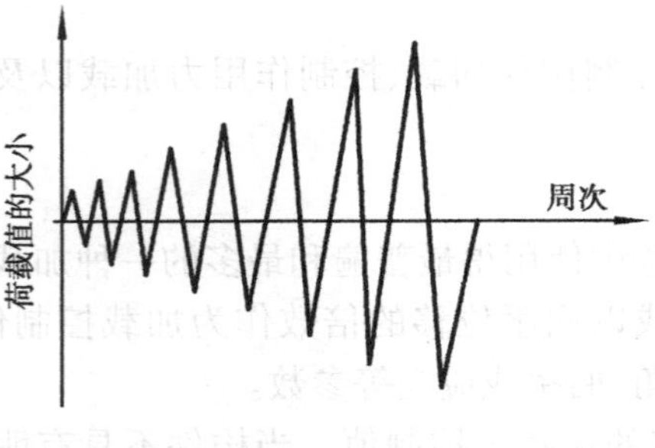

图 2.15　控制作用力的加载方案

由于试验对象、研究目的要求的不同，国内外学者在他们所进行的试验研究工作中采用了各种控制位移加载的方法，通过恢复力特性试验以研究和改进构件的抗震性能，在上述三种控制位移的加载方案中，以变幅等幅混合加载的方案使用得最多。

2）控制作用力加载法

控制作用力的加载方法是通过控制施加于结构或构件的作用力数值的变化来实现低周反复加荷的要求。控制作用力的加载制度如图 2.15 所示。纵坐标为施加力的值，横坐标为加卸荷载的周数。由于它不如控制位移加载那样直观地按试验对象的屈服位移的 4 倍数来研究结构的恢复特性，所以在实践中这种方法使用较少。

3）控制作用力和控制位移的混合加载法

力和位移混合加载法是先控制作用力再控制位移加载。先控制作用力加载时，不管实际位移是多少，一般是结构开裂后才逐步加上去，一直加到屈服荷载，再用位移控制。开始施加位移时要确定一标准位移，它可以是结构或构件的屈服位移，在无屈服点的试件中标准位移由研究者自定数值。在转变为控制位移加载开始，即按标准位移值的倍数 μ 值控制，直到结构破坏。

（2）双向反复加载制度

为了研究地震对结构构件的空间组合效应，克服结构构件采用单方向加载时不考虑另一方向地震力同时作用对结构影响的局限性，可在 x、y 两个主轴方向同时施加低周反复荷载。如对框架柱或压杆的空间受力和框架梁柱节点两个主轴方向所在平面内采用梁端加载方案施加反复荷载试验时，可采用双向同步或非同步的加载制度。

1）x、y 轴双向同步加载

与单向反复加载相同，低周反复荷载作用在与构件截面主轴成 α 角的方向作斜向加载，使 x、y 两个主轴方向的分量同步作用。

反复加载同样可以是控制位移、控制作用力和两者混合控制的加载制度。

2）x、y 轴双向非同步加载

非同步加载是在构件截面的 x、y 两个主轴方向分别施加低周反复荷载。由于 x、y 两个方向可以不同步的先后或交替加载，因此，它可以有如图 2.16 所示的各种变化方案。图 2.16(a)是在 x 轴不加载，y 轴反复加载，或情况相反，即是前述的单向加载；图 2.16(b)是 x 轴加载后保持恒定，y 轴交替反复加载；图 2.16(c)为 x、y 轴先后反复加载；图 2.16(d)为 x、y 两轴交替反复加载；图 2.16(e)的 8 字形加载或图 2.16(f)的方形加载等。

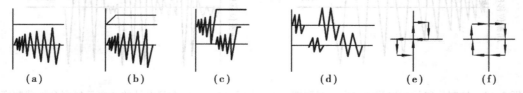

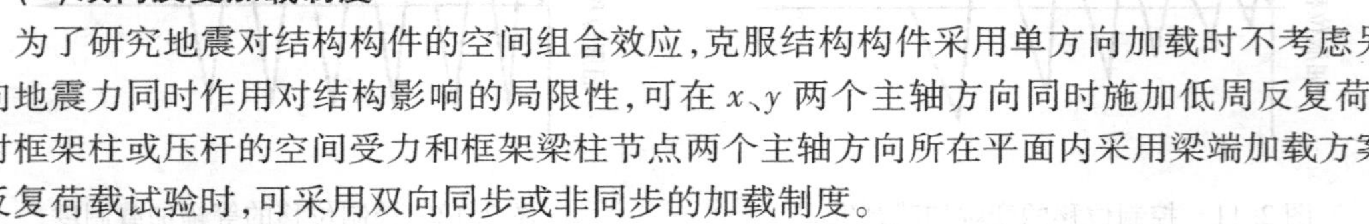

图 2.16　双向低周反复加载制度

当采用由计算机控制的电液伺服加载器进行双向加载试验时，可以对某一结构构件在 x、y 轴两方向成 90°作用，实现双向协调稳定的同步反复加载。

(3)试验装置

几种比较典型的伪静力试验装置示意图如图 2.17 所示。

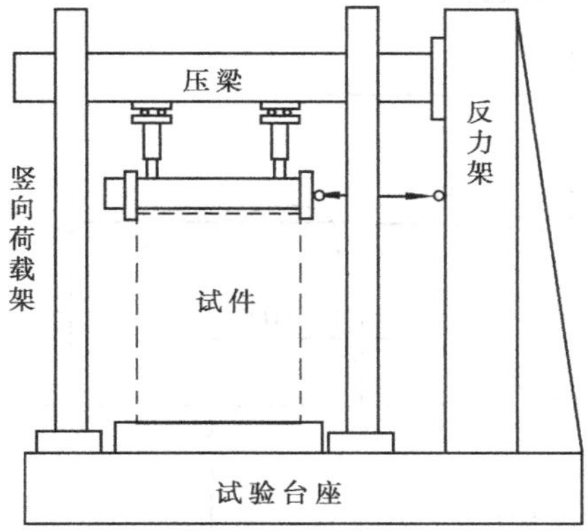

(a)墙体试验装置

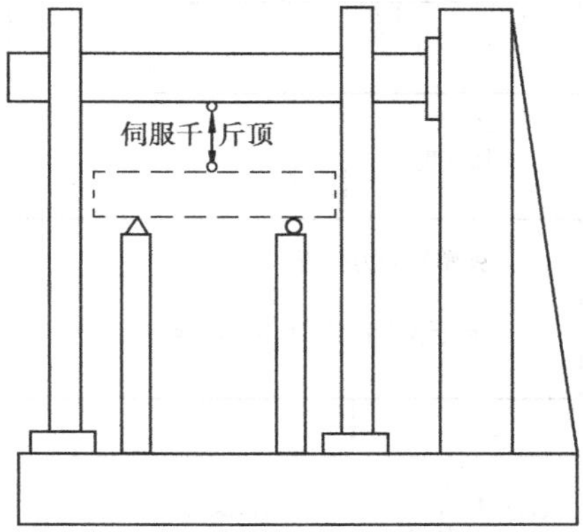

(b)梁的试验装置

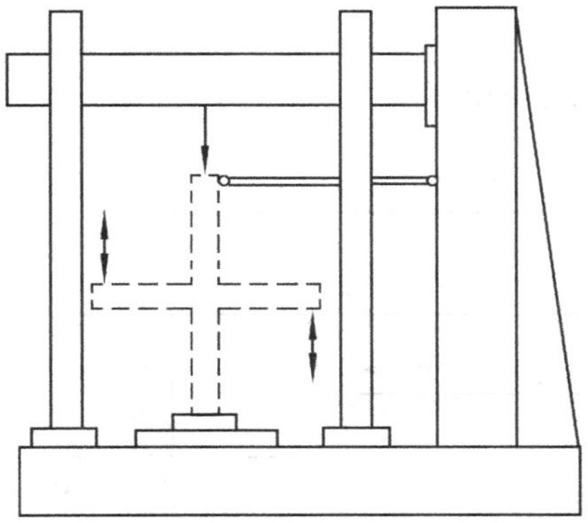

(c)框架节点试验装置

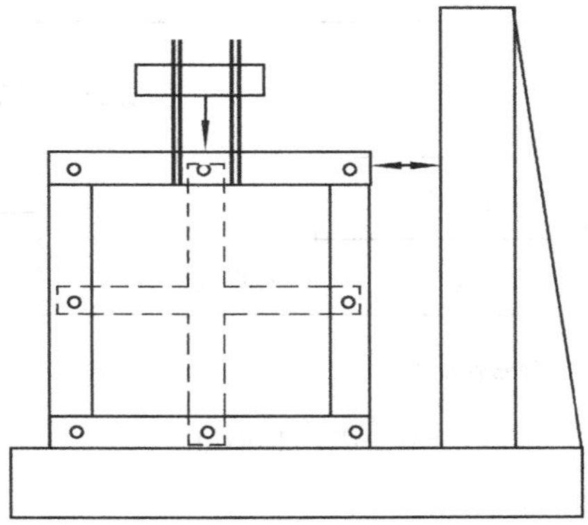

(d)测P-Δ效应的节点试验装置

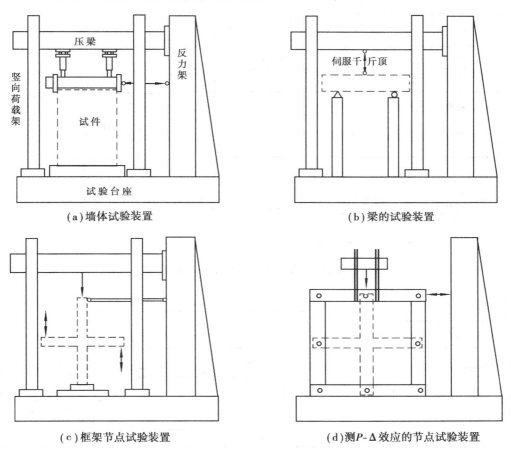

图 2.17　几种典型的伪静力试验加载装置

2.4.4　结构慢频拟动力试验

由于地震是自然界中的一种随机现象,结构受到地震作用而产生非线性振动。前述低周反复加载历程是假定的,它与地震引起的实际反应就有很大差别,因此,理想的加载方案最好是按某一确定性的地震反应来制定相应的加载方案,这种方案比较符合实际,但这种时程反应要事先进行理论计算,而计算时必须要知道结构的恢复力特性,由于不了解恢复力特性,没有计算模型,就无法计算,也就不可能按这种特定的方案进行加载。

一种较为先进的方法是先假定结构的恢复力模型,然后给定输入的地震加速度记录,由计算机完成非线性地震反应的动力分析,确定结构位移反应的时程,并作为试验加载的指令,对试件施加荷载,其过程如图 2.18 所示。

这种方法的主要问题在于结构的非线性特性,即恢复力与变形的关系必须在试验前进行假定,而假定的计算模型是否符合结构的实际情况,还有待于试验结果来验证。

为了弥补上述试验方法的不足,将计算机技术直接应用于控制试验加载,产生了一种新的

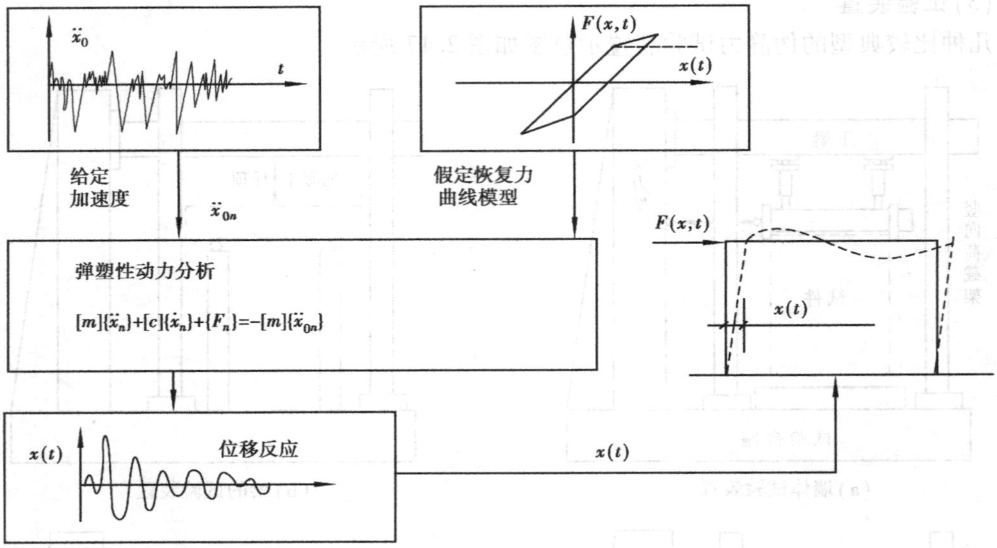

图 2.18　计算机数值分析控制试验加载

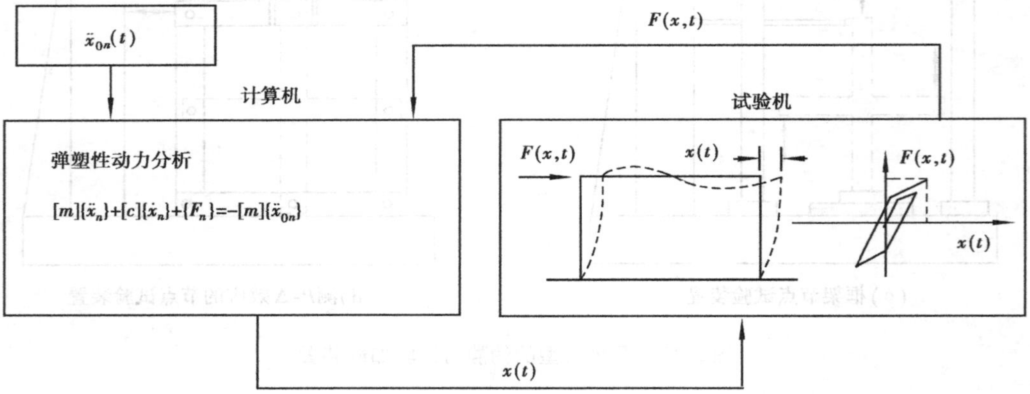

图 2.19　联机试验系统原理图

抗震试验加载方法,称之为伪动力试验或拟动力试验。它是用计算机检测和控制进行试验,使这种模拟试验方法更接近地震反应的真实状态。其特点是不需要事先假定结构的恢复力特性,而可以由计算机来完成非线性地震反应微分方程的求解,而恢复力值是通过直接测量作用在试验对象上加载器的荷载值而得到,所以这种方法是把计算机分析与恢复力实测结合起来的一种半理论半实验的非线性地震反应分析方法。

(1)工作原理

在拟动力试验加载中,首先是通过电子计算机将实际地震波的加速度转换成作用在结构或构件上的位移和此位移相应的加振力。随着地震波加速度时程曲线的变化,作用在结构上的位移和加振力也跟着变化,这样就可以得出某一实际地震波作用下的结构连续反应的全过程,并绘制出荷载-变形的关系曲线,也即是结构的恢复力特性曲线。

对比图 2.18 和图 2.19 可见,图 2.18 表明了拟动力试验系统的基本概念,而图 2.19 则为单纯采用计算机分析的方法，这里要求事先假定恢复力特性曲线，而在拟动力试验中正好由荷载试验来代替。

拟动力系统的试验设备由电液伺服加载器和电子计算机两大系统组成。它们不仅有各自的专门职能，而且还能结合起来完成整个系统的控制和操作功能。

电子计算机部分的功能是根据某一时刻输入的地面运动加速度计算结构的位移反应，并据此对加载系统发出施加位移量的指令，从而测得在该位移时的作用力。此外，还要完成试验数据的采集和处理。

加载控制系统包括电液伺服加载器和模控系统。它们的功能是根据某时刻由计算机传来的位移指令转换成电压讯号，控制加载器对结构施加位移。

拟动力试验由专用软件系统通过数据库和运行系统来执行操作指令，进行整个系统的控制和运行。

(2) 工作流程

拟动力试验的加载工作流程是从输入地震地面运动加速度时程曲线开始，图 2.20 是拟动力试验方法的工作流程图。其过程可分为如下 5 个步骤：

1) 输入地震地面运动加速度

将某实际地震记录的加速度时程曲线按照一定时间间隔数字化，比如 $\Delta t = 0.05$ 或 $\Delta t = 0.01$，并用其来求解运动方程，即

$$m\ddot{x}_n + c\dot{x}_n + F_n = -m\ddot{x}_{0n}$$

式中：$\ddot{x}_{0n}$、$\ddot{x}_n$ 和 $\dot{x}_n$ 分别为第 n 步时的地面运动加速度、结构的加速度和速度反应，F_n 为结构第 n 步时的恢复力。

2) 计算下一步的位移值

$$x_{n+1} = \left[m + \frac{\Delta t}{2}c\right]^{-1} \times \left[2mx_n + \frac{\Delta t}{2}(c - m)x_{n-1} - \Delta t^2 F_n - m\Delta t^2 \ddot{x}_{0n}\right]$$

即由位移 x_{n-1}、x_n 和恢复力 F_n 值求得第 $n+1$ 步的指令位移 x_{n+1}。

3) 位移的转换

由加载控制系统的计算机将第 $n+1$ 步的指令位移 x_{n+1} 通过 A/D 转换成输入电压，再通过电流伺服加载系统控制加载器对结构加载。由加载器用准静态的方法对结构施加与 x_{n+1} 位移相对应的荷载。

4) 测量恢复力 F_{n+1} 及位移值 x_{n+1}

当加载器按指令位移值 x_{n+1} 对结构施加荷载时，通过加载器上的荷载传感器测得此时的恢复力 F_{n+1}，结构的位移反应值 x_{n+1} 由位移传感器测得。

5) 由数据采集系统进行数据处理和反应分析

将 x_{n+1} 和 F_{n+1} 的值连续输入数据处理和反应分析的计算机系统。利用位移 x_n、x_{n+1} 以及恢复力 F_{n+1}，按照同样方法重复下去，进行计算和加载，以求得位移 x_{n+2}，连续对结构进行试验，直到输入加速度时程的指定时刻。

整个试验工作的连续循环进行的，全部由计算机控制操作。

当每一步加载的实际时间大于 1 s 时，结构的反应相当于静态反应，这时运动方程中与速度有关的阻尼力一项可以忽略，则运动方程能够简化为

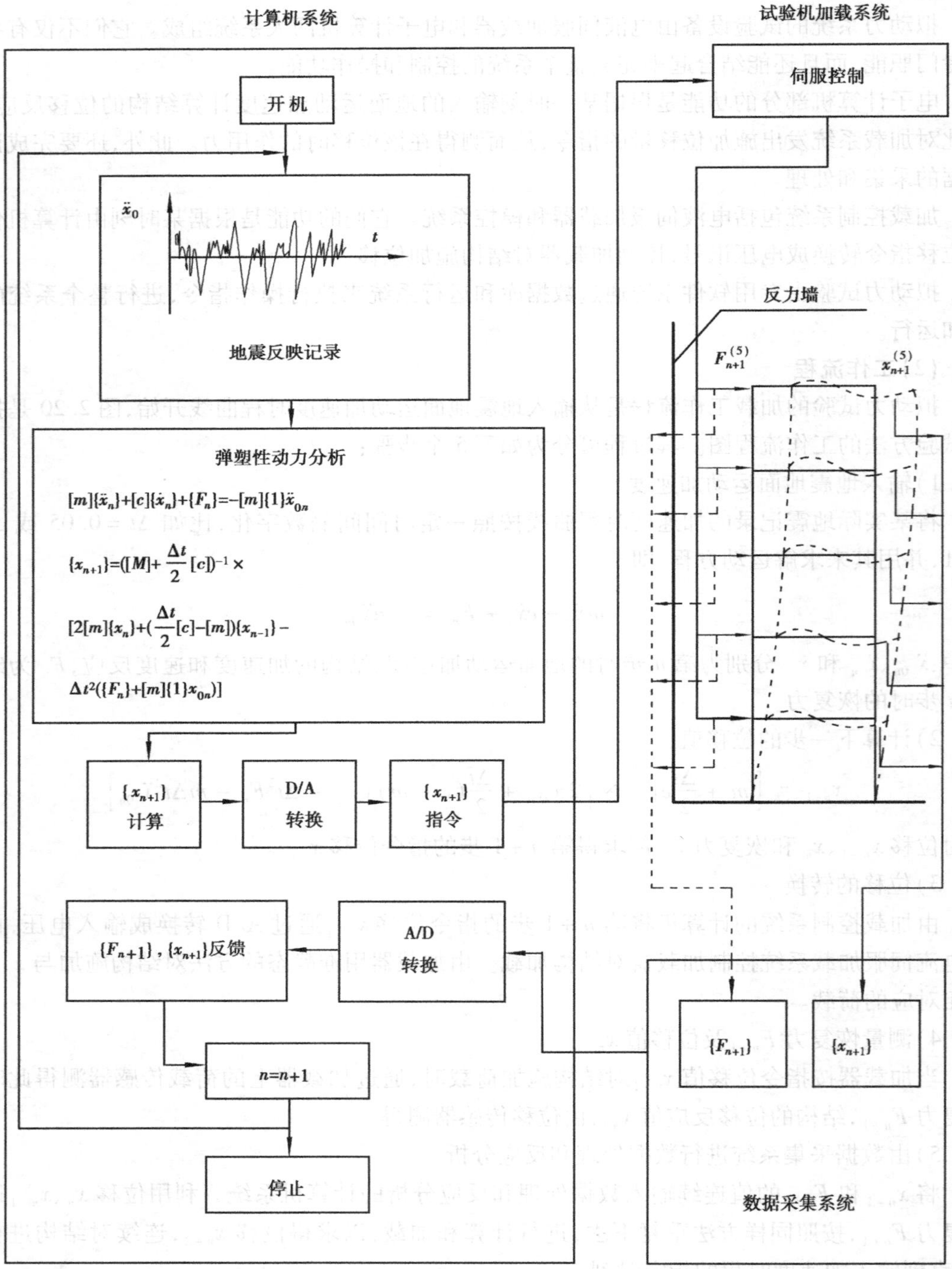

图 2.20　结构拟动力试验的工作流程图

$$m\ddot{x}_n + F_n = -m\ddot{x}_{0n}$$

这时，继续采用中心差分法计算，有

$$x_{n+1} = 2x_n - x_{n-1} - \Delta t^2\left(\frac{F_n}{m} + \ddot{x}_{0n}\right)$$

采用与前面所述同样的工程流程进行计算就能够控制试验。

(3) 试验装置

拟动力试验的装置与伪静力试验的装置相似，如图 2.17 所示。

2.4.5　结构原频拟动力试验

结构原频拟动力试验就是借助于伺服千斤顶将水平动荷载按照原有频率直接作用于试验对象的节点上，与结构慢频拟动力试验的最大区别在于保持原有频率，与地震模拟振动台试验的最大区别在于直接作用动荷载。

2.4.6　结构动力特性试验

结构动力特性是反映结构本身所固有的动力性能。它的主要内容包括结构的自振频率、阻尼系数和振型等一些基本参数，也称动力特性参数或振动模态参数，这些特性是由结构形式、质量分布、结构刚度、材料性质、构造连接等因素决定，与外荷载无关。

测量结构动力特性参数是结构动力试验的基本内容，在研究建筑结构或其他工程结构的抗震、抗风或抵御其他动荷载的性能和能力时，都必须要进行结构动力特性试验，了解结构的自振特性。

在结构抗震设计中，为了确定地震作用的大小，必须了解各类结构的自振周期。同样，对于已建建筑的震后加固修复，也需要了解结构的动力特性，建立结构的动力计算模型，才能进行地震反应分析。

测量结构动力特性，了解结构的自振频率，可以避免和防止动荷载作用所产生的干扰与结构产生共振或迫振现象。在设计中可以使结构避开干扰源的影响，同样也可以设法防止结构自身动力特性对于仪器设备的工作产生的干扰，可以帮助寻找采取相应的措施进行防震、隔震或消震。

结构动力特性试验可以为检测、诊断结构的损伤积累提供可靠的资料和数据。由于结构受力作用，特别是地震作用后，结构受损开裂使结构刚度发生变化，刚度的减弱使结构自振周期变长，阻尼变大。由此，可以从结构自身固有特性的变化来识别结构物的损伤程度，为结构的可靠度诊断和剩余寿命的估计提供依据。

结构的动力特性可按结构动力学的理论进行计算。但由于实际结构的组成、材料和连接等因素，经简化计算得出的理论数据往往会有一定误差，对于结构阻尼系数一般只能通过试验来加以确定。因此，结构动力特性试验就成为动力试验中的一个极为重要的组成部分，引起人们的关注和重视。

结构动力特性试验是以研究结构自振特性为主，由于它可以在小振幅试验下求得，不会使结构出现过大的振动和损坏，因此经常可以在现场进行结构的实物试验。当然随着对结构动力反应研究的需要，目前较多的结构动力试验，特别是研究地震、风震反应的抗震动力试验，也可以通过试验室内的模型试验来测量它的动力特性。

结构动力特性试验的方法主要有人工激振法和环境随机振动法。人工激振法又可分为自由振动法和强迫振动法。

(1)频率

结构自振频率常用的测量方法分为两大类:一为人工激振法测量,一为随机荷载激振法测量。人工激振法又有自由振动法和强迫振动法之分。

1)自由振动法

在试验中采用初位移或初速度的突卸或突加载的方法,使结构受一冲击荷载作用而产生自由振动。在现场试验中可用反冲激振器对结构产生冲击荷载;在工业厂房产生垂直或水平的自由振动;在桥梁上则可用载重汽车越过障碍物或突然制动产生冲击荷载。在模型试验时可以采用锤击法激励模型产生自由振动。

试验时将测振传感器布置在结构可能产生最大振幅的部位,但要避开某些杆件可能产生的局部振动。

通过测量仪器的记录,可以得到结构的有阻尼自由振动曲线(图 2. 21 所示)。在振动时程曲线上,可以根据记录纸带速度的时间坐标,量取振动波形的周期,由此求得结构的自振频率 $f=1/T$。为精确起见,可多取几个波形,以求得其平均值。

2)强迫振动法

强迫振动法也称共振法。一般都采用惯性式机械离心激振器对结构施加周期性的简谐振动,在进行模型试验时可采用电磁激振器的振动,使结构的模型产生强迫振动。由结构动力学可知,当干扰力的频率与结构自振频率相等时,结构产生共振。

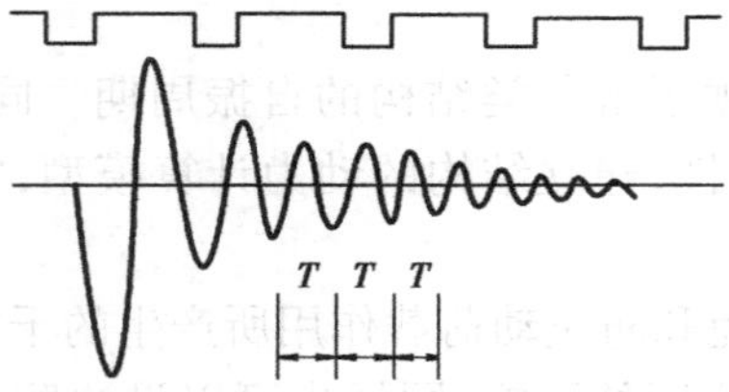

图 2. 21　有阻尼自由振动曲线

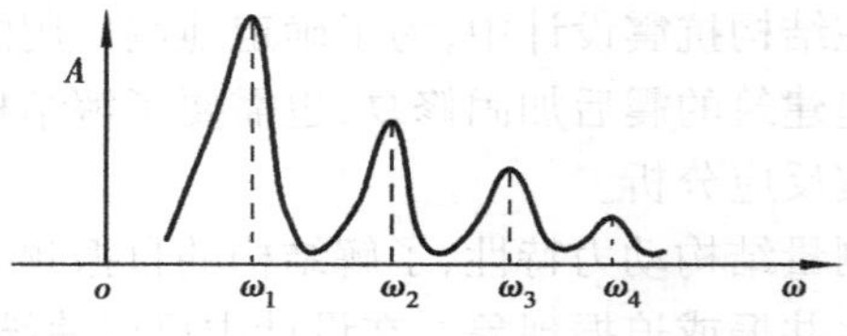

图 2. 22　结构受强迫振动时的共振曲线

利用激振器可以连续改变激振频率的这一特点,试验中结构产生共振时振幅出现极大值,这时激振器的频率即是结构的自振频率,由共振曲线(图2. 22所示)的振幅最大值(峰点)对应的频率,即可相应得到结构的第一频率(基频)和其他高阶频率。

振动台试验中的“扫频”试验就是用强迫振动法检测结构频率与振型的方法之一。“扫频”就是将试件安装在振动台上以后,使振动台作由低到高的连续而均匀的频率变化过程。“扫频”的目的就是使结构产生共振,测量共振频率。

利用偏心轮激振器也能够“扫频”,偏心轮激振器“扫频”的工作原理与振动台“扫频”的工作原理的区别在于:前者的频率变化是由高到低,后者的频率变化是由低到高。

试验时激振器的激振方向和安装位置由试验要求而定。一般整体结构试验时,多数安装在结构顶层作水平方向激振,对于梁板构件则大部分为垂直激振。将激振器的转速由低到高连续变换,称之为频率扫描。由此测得各测点相应的共振曲线,在共振点前后进行稳定激振,以求得正确的共振频率数值。

采用离心式激振器时,由于干扰力 P 与激振转速 ω^2 成正比,即在不同转速时有不同大小

的干扰力 P。为了进行比较，必须将振幅 A 折算为单位扰力作用下的振幅值，即将振幅除以此时的干扰力，或者把振幅值换算为在相同干扰力作用下的振动幅值 A/ω^2。

由于阻尼的存在，结构实际的自振频率稍低于其峰点的频率，但因阻尼值很小，所以，实际使用时不作考虑。

3）随机荷载激振法

随机荷载激振是测量结构自振频率的另外一种方法。

随机荷载激振检测在我国已经普遍应用，特别在大型结构方面应用更多，比如大跨度桥梁结构检测，高层或超高层结构检测等。

随机荷载激振的测试原理不难理解，即在随机动荷载（风震动、大地脉冲震动、车辆行驶震动、地面噪音震动等及其各个成分的随机混合作用）的作用下，结构产生动态反应。用模拟技术或数字技术将结构产生的动态反应记录下来，再依靠谱分析理论和计算机手段把记录信号进行分析与处理，从而得到结构的动态参量。

随机荷载激振测试的特点在于荷载技术简单，但需要采集和记录大量的数据。在随机振动检测与分析方面，湖北、广东、黑龙江、福建等地作了不少的工作。

（2）振型

结构振动时，结构上各点的位移、速度和加速度都是时间的空间函数。在结构某一固有频率下，结构振动时各点的位移之间呈现出一定的比例关系，如果这时沿结构各点将其位移连接起来，即形成一定形式的曲线，这就是结构在对应某一固有频率下的一个不变的振动形式，称为对应该频率时的结构振型。为此要测定结构振型时必须对结构施加一激振力，并使结构按某一阶固有频率振动，当测得结构这时各点位移值并连成变形曲线，即可得到对应于该频率下的结构振型。

对于单自由度体系，对应于一个基本频率只有一个主振型。对于多自由度体系就可以有几个固有频率和相应的若干个振型。对应于基本频率的振型即为主振型或第一振型，对应于相应高阶频率的振型称之为高阶振型，即第二、第三振型等。

随着试验对象和试验加载条件不同等因素，往往只能在结构的一点或几点上用激振器对结构激振加力，这与结构自身质量所产生的惯性力并按比例关系分布在结构各点的实际情况有所不同，但是在工程上一般均采用前述激振方法来测量结构的振型。

在布置激振器或施加激振力量时，为易于得到需要的振型，要使激振力作用在振型曲线上位移较大的部位，应注意防止将激振力作用在振型曲线的“节”点处，即是在某一振型上结构振动时位移为“零”的不动点。为此需要在试验前通过理论计算进行初步分析，对可能产生的振型大致做到心中有数，然后决定激振力量的作用点来安装激振器。

为了实测结构的振型曲线，需要沿结构高度或跨度方向连续布置水平或垂直方向的测振传感器，与静力试验一样，为了能将各测点的位移值连接形成振型曲线，一般至少要布置五个测点。对于整体结构试验时经常在各层楼面及屋面上布置测点，对于高层建筑和高耸构筑物，测点的数量只要满足能获得完整的振型曲线即可。

试验时按振动记录曲线取某一固有频率下结构振动时各测点同一时刻的位移值的连线，以获得相应频率下的结构振型曲线。这时各测点仪器必须严格同步。在量取各点位移值时必须注意振动曲线的相位，以确定位移值的正负。

对于采用自由振动时，多数用初位移或初速度法在结构可能产生最大位移值的位置进行激振，随后在自由振动状态下测取结构振型，一般情况下自由振动法只能测得结构的基频与第一主振型。

随机荷载激振也是测量结构振型的一种方法。

(3)阻尼

结构阻尼常用人工激振法测量。在研究结构振动问题中，阻尼对振动效应会产生很大影响，它与结构形式、材料性质、连接和支座等各种因素有关。在自由振动中，计算振幅(位移)时需要考虑阻尼的影响；在强迫振动中，当动荷载的干扰频率接近结构的自振频率时，阻尼在振幅(位移)计算中起着更为重要的作用，因为阻尼的变化对振幅值的大小有着明显的影响。

在结构抗震研究中，阻尼的大小对结构体系的地震反应也有直接影响，一般希望结构的阻尼越大越好，因为结构体系的阻尼大时，结构的弹性反应越小，它能很快地耗散地震荷载产生的能量。

1)自由振动法确定阻尼

单自由度自由振动运动方程为

$$mx'' + cx' + kx = 0 \tag{2.1}$$

$$x'' + 2nx' + \omega^2 x = 0 \tag{2.2}$$

$$x = Ae^{-nt}\sin(\omega' t + a) \tag{2.3}$$

$$x = Ae^{-\xi\omega t}\sin(\omega' t + a) \tag{2.4}$$

式中 n——衰减系数 $n = \dfrac{c}{2m}$

ω'——有阻尼时的圆频率 $\omega' = \omega\sqrt{1-\xi^2}$

ω——不考虑阻尼时的圆频率 $\omega = \sqrt{\dfrac{k}{m}}$

阻尼比 $\xi = \dfrac{n}{\omega}$

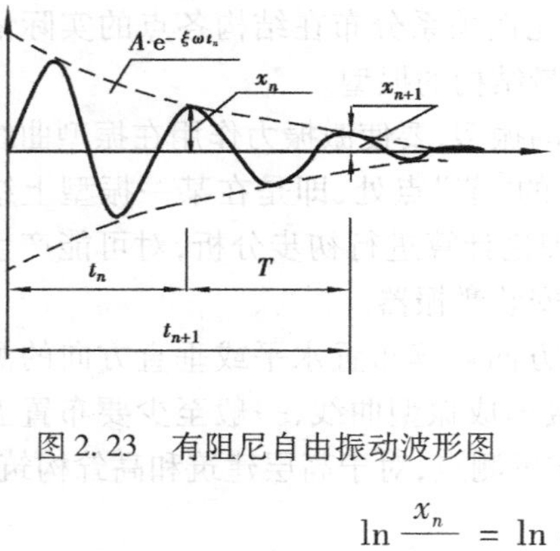

图 2.23 有阻尼自由振动波形图

有零线的振动记录曲线(图 2.23)确定结构阻尼系数的方法。

在 t_n 时刻的振幅为 $x_n = A\cdot e^{-\xi\omega t_n}$，经过一个周期 T 后，在 t_{n+1} 时刻的振幅为 $x_{n+1} = Ae^{-\xi\omega t_{n+1}}$，则相邻周期振幅之比为

$$\frac{x_n}{x_{n+1}} = \frac{Ae^{-\xi\omega t_n}}{Ae^{-\xi\omega t_{n+1}}} = e^{-\xi\omega(t_n - t_{n+1})} = e^{\xi\omega(t_{n+1} - t_n)} = e^{\xi\omega T}$$

上式中周期 $T = \dfrac{2\pi}{\omega'}$，对上式两边取对数，即

$$\ln\frac{x_n}{x_{n+1}} = \ln e^{\xi\omega T} = \xi\omega T = \xi\omega\cdot\frac{2\pi}{\omega'} \approx 2\pi\xi \tag{2.5}$$

阻尼比 ξ 为

$$\xi = \frac{1}{2\pi}\ln\frac{x_n}{x_{n+1}} \tag{2.6}$$

利用上式就可以由实测振动图形所得的振幅变化来确定阻尼比 ξ。

在上式中 $\ln \dfrac{x_n}{x_{n+1}}$ 又称为对数衰减率。令 $\lambda = nT = \ln \dfrac{x_n}{x_{n+1}} = 2\pi\xi$，则结构的阻尼系数为

$$c = 2mn = 2m \cdot \frac{2\pi\xi}{T} = 2m\omega\xi \tag{2.7}$$

在整个衰减过程中，n 值不一定是常数，有可能发生变化，即在不同的波段可以求得不同的 n 值。所以在实际工作中经常取振动图中 K 个整周期进行计算，以求得平均衰减系数，即

$$n_0 = \lambda_0/T = \frac{1}{KT}\ln \frac{x_n}{x_{n+k}} \tag{2.8}$$

式中　K——计算所取的振动波数；

x_n, x_{n+k}——K 个整周期波的最初波和最终波的振幅值。

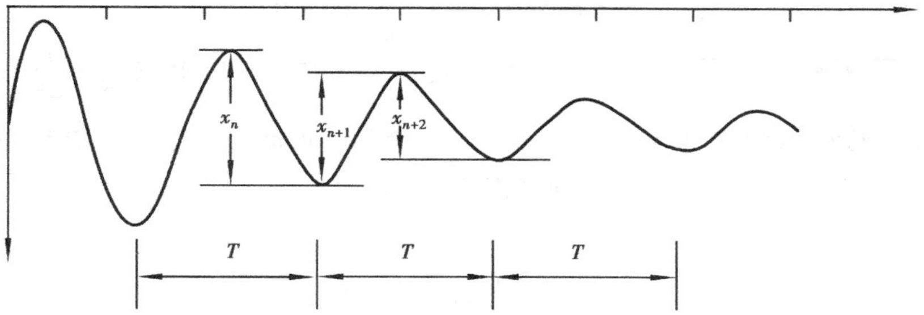

图 2.24　无零线的有阻尼自由振动波形图

由于试验实测得到的有阻尼自由振动记录波形图一般没有零线，所以在测量结构阻尼时可采用波形的峰到峰的幅值，这样比较方便而且又比较正确，如图 2.24 所示。当对数衰减率为 λ 时，则

$$\lambda = 2\frac{1}{K}\ln \frac{x_n}{x_{n+k}} = \frac{2}{K}\ln \frac{x_n}{x_{n+k}} \text{ 或 } \lambda = 4.605\ 2\frac{1}{K}\log \frac{x_n}{x_{n+k}}$$

阻尼比
$$\xi = \frac{\lambda}{2\pi}$$

式中，x_n、x_{n+k} 分别为第 n 和 $n+k$ 个波的峰值。

2）按强迫振动的共振曲线确定结构的阻尼

单自由度有阻尼强迫振动运动方程：

$$mx'' + cx' + kx = p(t) \tag{2.9}$$

$$p(t) = p\sin\theta t \tag{2.10}$$

则
$$x'' + 2\xi\omega x' + \omega^2 x = p\sin\theta t/m \tag{2.11}$$

所以
$$x = Ae^{-\xi\omega x}\sin(\omega' t + \alpha) + B\sin(\theta t + \beta) \tag{2.12}$$

由于前项是自由振动很快消失，则稳态强迫振动的振幅值为

$$x = B\sin(\theta t + \beta)$$

式中
$$B = \frac{p(t)/m}{\sqrt{\left(1 - \dfrac{\theta^2}{\omega^2}\right)^2 + \left(2\xi\dfrac{\theta}{\omega}\right)^2}}$$

$$\tan\beta = \frac{-2\xi\omega\theta}{\omega^2 - \theta^2}$$

由此可以得到动力系数(放大系数)$\mu(\theta)$为

$$\mu(\theta)=\frac{1}{\sqrt{\left(1-\frac{\theta^2}{\omega^2}\right)^2+\left(2\xi\frac{\theta}{\omega}\right)^2}}$$

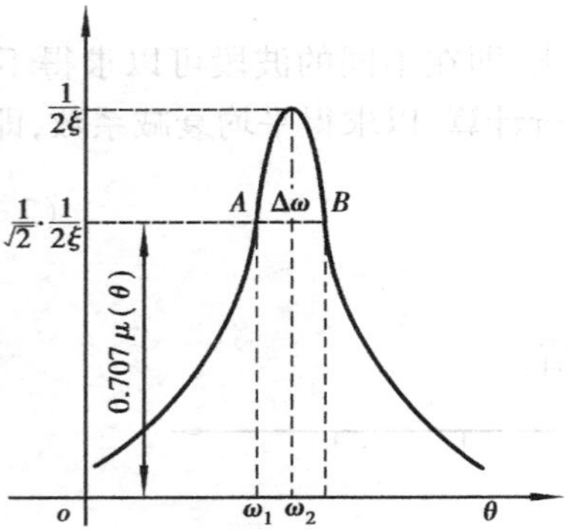

图 2.25 动力系数曲线图

如以$\mu(\theta)$为纵坐标,以θ为横坐标,即可画出动力系数(共振曲线)的曲线,如图 2.25 所示。并由上式可知,如$\xi=0$,即无阻尼时,当$\theta=\omega$,则发生共振,振幅趋向于无穷大,在有阻尼时,当$\theta=\omega$,则$\mu(\theta)=\frac{1}{2\xi}$,即共振曲线的峰值。

按照结构动力学原理,用半功率法(0.707 法)可以由共振曲线确定结构阻尼比ξ。

在共振曲线图的纵坐标上取$\frac{1}{\sqrt{2}}\cdot\frac{1}{2\xi}$值,即在该处作一水平线,使之与共振曲线相交于$A$、$B$两点,对应于$A$、$B$两点在横坐标上得$\omega_1$、$\omega_2$,可求得衰减数和阻尼比,即

衰减系数

$$n=\frac{\omega_2-\omega_1}{2}=\frac{\Delta\omega}{2}$$

结构的阻尼比

$$\xi=\frac{n}{\omega}=\frac{\omega_2-\omega_1}{2\omega}=\frac{1}{2}\cdot\frac{\Delta\omega}{\omega}$$

3)由动力系数$\mu(\theta)$求阻尼比

当$\theta=\omega$,结构共振,这时动力系数为

$$\mu=\frac{1}{2\xi}$$

所以

$$\xi=\frac{1}{2\mu}$$

这里只要测得共振时的动力系数,即可求得阻尼比。动力系数(阻尼比)是指结构在动力荷载作用下产生共振时的最大振幅与静力作用时产生的最大位移的比值。

2.4.7 结构动力响应试验

结构动力响应试验可以区分为周期性荷载试验和非周期性荷载试验两类。

周期性动力加载的方法有:偏心激振器、电液伺服加载器和单向周期性振动台等。

非周期性动力荷载试验的方法主要有模拟地震振动台试验、人工地震(人工爆破)试验和天然地震试验。

(1)周期性动力荷载试验的加载制度

1)强迫振动共振加载

强迫振动共振加载按加载方法的不同,它又可分为稳态正弦激振和变频正弦激振。

稳态正弦激振是在结构上作用一个按正弦变化的单方向的力。它的频率可以精确地保持

为一数值，这时对它所激起的结构振动进行测量。然后将频率调到另一数值上，重复测量。通过测量结构在各个不同频率下结构振动的振幅，可以得到结构的共振曲线。这种加载制度的目的是使激振频率固定在一段足够长的时间内，以便使全部的瞬态运动能够消除并建立起均匀的稳态的运动。

变频正弦激振是测量结构多阶振型的试验方法之一，由于上述稳态正弦激振要求激振频率能在一段时间内保持固定不变，在实际工作中有较大的困难，因为满足这种要求要有比较复杂的控制设备，因此人们采用了连续变化频率的正弦激振方法。

采用一个偏心激振器激振，通过控制系统使其转速由小到大，达到比试验结构的任何一阶自振频率均要高的速度，然后关闭电源，让激振器的转速自由下降，对结构进行“扫频”，如果激振器的摩擦很小，则自由下降的时间相对会长些，并在结构各个自振频率处由共振而形成较大振幅的时间也就长一些。

2）有控制的逐级动力反应测试试验

对于在试验室内进行的足尺或模型等结构构件的动力荷载测试试验，当采用电液伺服加载器或单向周期性振动台进行加载时，可以利用加载控制设备实现对结构进行有控制的逐级动力荷载测试。

采用电液伺服加载器对结构进行直接加载的试验中，除了控制力或控制位移的加载制度外，还可以控制加载的频率，这样对于直接对比静动试验的结果，以及更准确地研究应变速率对结构强度和变形能力的影响是很有意义的。

单向周期性振动台试验时，对于机械式振动台，由于激振方式主要是利用偏心质量的惯性力，所以加载制度性质与上述强迫振动的共振加载性质是一样的。当用电磁式或液压式振动台试验时，加载制度主要是由输入控制台设备的信号特性来确定，即振动幅值、加速度值和振动频率等。

（2）非周期性动力荷载试验的加载设计

非周期性动力反应测试试验，有3种试验方法，一种是模拟地震振动台试验，另一种是人工地震试验，第三种是天然地震试验。

1）地震模拟振动台动力反应测试试验的荷载设计

模拟地震振动台试验是在试验室内进行的，通过输入加速度、速度或位移等随机的物理量，使振动台台面产生运动，它是一种人工再现地震的试验方法。与结构静力试验一样，地震模拟振动台试验的荷载设计和试验方法的拟定也是非常重要的。如果荷载选得太大，则试件可能很快进入塑性阶段甚至破坏倒塌，这就难以完整地量测和观察到结构的弹性和弹塑性荷载的全过程，甚至也可能发生安全事故。如果荷载太小，则可能达不到预期的目的，产生不必要的重复，影响试验进展，而且多次加载还可能对构件产生损伤积累。为了获得较为系统的试验资料，必须周密地进行荷载设计。

在进行结构抗震动力试验时，振动台台面的输入一般都选用加速度，主要是加速度输入时与计算动力荷载时的方程式相一致，便于对试验结构进行理论计算和分析。此外加速度输入时的初始条件比较容易控制，由于现有强震观测记录中加速度的记录比较多，便于按频谱需要进行选择。

2）人工地震模拟动力荷载测试试验的荷载设计

人工地震试验是利用人工引爆炸药产生地面运动以模拟地震动力作用的试验。没有室内振动试验技术的年代，人们采用地面或地下炸药爆炸的方法产生地面运动的瞬时动力效应，以此模拟某一烈度或某一确定性天然地震对结构的影响，称之为“人工地震”。

在现场安装炸药并引爆后，地面运动的基本特点是：

①地面运动加速度峰值随装药量的增加而增大并且离爆心距离越近而越高；

②地面运动加速度持续时间离爆心距离越远越长。

这样，要使人工地震接近天然地震，而又能对结构或模型产生类似于天然地震作用的效果，必然要求装药量大，离爆心距离远，才能取得较好的效果。

3）天然地震

对于天然地震，则是在频繁发生地震的地区等待天然地震对结构的动力影响

这种方法的特点是结构受地震作用的工作状态比其他试验方法更接近于真实，由于地震本身就是一种随机振动，所以不存在加载制度的设计问题。

2.4.8　结构疲劳试验

对于直接承受重复荷载的结构，如吊车梁和有悬挂吊车的屋架等，一般都要进行结构疲劳测试。因为结构物或构件在重复荷载作用下达到破坏时的应力比其静力强度要低得多，这种现象称为疲劳。结构疲劳检测的目的就是要了解在重复荷载作用下结构的疲劳性能及其变化规律，确定结构的疲劳极限值（包括疲劳极限荷载和疲劳极限强度）。

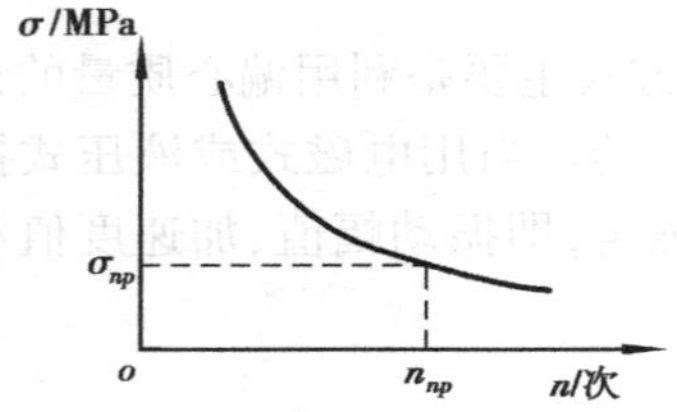

图 2.26　疲劳应力与荷载次数关系图

从图 2.26 所示的疲劳应力与反复荷载次数关系曲线可以看出，当疲劳应力小于某一值后，荷载次数增加不再引起破坏，这个疲劳应力值称为疲劳极限。对于承受重复荷载的结构，其控制断面的工作应力必须低于疲劳极限 σ_{np}。下面以钢筋混凝土结构为例介绍疲劳检测的主要内容和方法。

（1）疲劳测试项目

对于鉴定性疲劳检测，在控制疲劳次数内测取下述有关数据，同时应满足设计规范规定的强度、刚度、抗裂度的要求。

①抗裂性及开裂荷载；

②裂缝宽度及其发展；

③最大挠度及其变化幅度；

④疲劳极限值。

对于研究性疲劳检测，检测项目按研究目的和要求确定。

（2）疲劳测试荷载

1）疲劳测试荷载取值

疲劳测试的上限荷载 P_{max} 根据构件在标准荷载下最不利组合所产生的弯矩计算而得。荷载下限则根据疲劳测试设备的要求而定。如瑞士 AMSLER 疲劳试验机取用的最小荷载不得小于脉冲千斤顶最大动负荷的 3%。

2）疲劳测试的荷载频率

为了保证构件在疲劳测试时不产生共振，构件的稳定振动范围应远离共振区，使疲劳测试荷载频率 ω 满足条件，即

$$\frac{\omega}{\theta} < 0.5 \quad 或 \quad 1.3 < \frac{\omega}{\theta}$$

式中　θ——结构的固有频率。

3)疲劳循环次数

对于鉴定性检测,构件经过下列控制循环次数的疲劳荷载作用后,抗裂度、刚度、强度必须满足设计规范中的有关规定,即

中级制吊车梁　　$n=2\times10^6$次

重级制吊车梁　　$n=4\times10^6$次

(3)疲劳测试程序

一般等幅疲劳测试的程序如下:

①对构件施加小于极限承载力荷载20%的预加静荷载,消除松动、接触不良,压牢构件并使仪表运转正常。

②作疲劳前的静载检测(目的主要是为了对比构件经受反复荷载后受力性能有何变化)。荷载分级加到疲劳上限荷载,每级荷载可取上限荷载的10%,临近开裂荷载时不宜超过5%,每级间歇时间10~15 min,记取读数,加满后,分两次卸载。

③调节疲劳机上、下限荷载,待示值稳定后读取第一次动载读数,以后每隔一定次数(30~50万次)读取读数。

④达到要求的疲劳次数后进行破坏加载。分两种情况:一种是继续施加疲劳荷载直至结构破坏;另一种是作静载加载直到结构破坏,这种方法同前,但荷载距可以加大。

上述疲劳测试程序如图2.27表示。

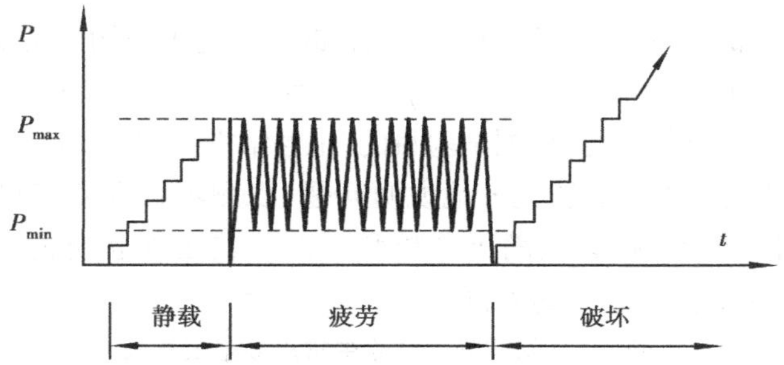

图2.27　疲劳测试步骤示意

实际的结构构件往往是受任意变化的重复荷载作用,疲劳检测应尽可能使用符合实际情况的变幅疲劳荷载。

(4)疲劳试件安装要求

结构疲劳测试的时间长,振动量大,通常是脆性破坏,事先没有预兆,所以对试件的安装严格要求做到以下两点:

①试件、千斤顶、分配梁等严格对中,并使试件平衡。用砂浆找平时,不宜铺厚,以免厚砂浆层被压酥。

②架设预防试件脆性破坏的安全墩。

钢结构的疲劳检测可以参考现行《钢结构设计规范》进行。

2.5 试验观测方案设计

在进行结构试验时,为了对结构物或试件在荷载作用下的实际工作有全面的了解,为了真实而正确地反映结构的工作,这就要求利用各种仪器设备量测出结构反应的某些参数,为结构分析工作提供科学依据。因此在正式试验前,应拟定测试方案。

测试方案通常包括内容有:按整个试验目的要求,确定试验测试的项目;按确定的量测项目要求,选择测点位置;综合整体因素选择测试仪器和测定方法。

拟定的测试方案要与加载程序密切配合,在拟定测试方案时应该把结构在加载过程中可能出现的变形等数据估算出来,以便在试验时能随时与实际观测读数比较,及时发现问题。同时,这些估算的数据对选择仪器的型号、量程和精度等也是完全必要的。

2.5.1 观测项目的确定

结构在荷载作用下的各种变形可以分成两类:一类是反映结构整体工作状况,如梁的挠度、转角、支座偏移等,称为整体变形,又称基本变形;另一类是反映结构的局部工作状况,如应变、裂缝、钢筋滑移等,称为局部变形。

在确定试验的观测项目时,首先应该考虑整体变形,因为整体变形能够概括结构工作的全貌,可以基本上反映出结构的工作状况。对梁来说,首先就是挠度,转角的测定往往用来分析超静定连续结构。

对于某些构件,局部变形也是很重要的。例如,钢筋混凝土结构的裂缝出现,能直接说明其抗裂性能;再如,在作非破坏试验进行应力分析时,截面上的最大应变往往是推断结构极限强度的最重要指标。因此只要条件许可,根据试验目的,也经常需要测定一些局部变形的项目。

总的说来,破坏性试验本身能够充分地说明问题,观测项目和测点可以少些,而非破坏性试验的观测项目和测点布置,则必须满足分析和推断结构工作状况的最低需要。表 2.6、表 2.7、表 2.8 列举了一些结构试验中的测试内容,以供参考。

表 2.6 结构静力试验中常用参量汇总表

结构名称	结构分类	
	混凝土等非金属结构	金属结构
梁	①荷载、支座反力 ②支座位移、最大位移、位移曲线、曲率、转角、裂缝 ③混凝土应变、钢筋应变、箍筋应变、梁截面应力分布 ④破坏特征	①(同左) ②(同左) ③跨中及支座截面应力分布 ④(同左)
板	(参考上)	—
柱	①荷载 ②支座位移、水平弯曲位移、裂缝 ③混凝土应变、钢筋应变、箍筋应变、柱截面应力分布 ④破坏特征	①(同左) ②(同左) ③跨中及柱头截面应力分布 ④(同左)

续表

结构名称	结构分类	
	混凝土等非金属结构	金属结构
墙	①荷载 ②支座位移、平面外位移曲线、曲率、转角、裂缝 ③混凝土应变、纵横钢筋应变、纵横截面应力分布、剪切应变 ④破坏特征	—
屋架	①荷载、支座反力 ②支座位移、整体最大位移、裂缝 ③上下弦杆以及腹杆混凝土应变、钢筋应变、箍筋应变、屋架端头以及节点混凝土剪切应力分布 ④破坏特征	①(同左) ②(同左) ③上下弦杆以及腹杆混凝土应变、屋架端头以及节点处剪切应力分布 ④(同左)
排架	①荷载 ②支座位移、最大位移、位移曲线、曲率、转角、裂缝 ③混凝土应变、钢筋应变、箍筋应变、梁截面应力分布 ④破坏特征	①(同左) ②(同左) ③构件截面应力分布 ④(同左)
桥	①荷载 ②支座位移、最大位移、位移曲线、裂缝 ③根据测试目的确定测试构件及其应力(应变)的分布点 ④破坏特征	①(同左) ②(同左) ③(同左) ④(同左)

表 2.7 结构伪静力试验中常用参量汇总表

分类	检测内容
杆件	①荷载、支座反力 ②支座位移、最大位移、曲率、转角、裂缝 ③杆件截面应力分布 ④滞回曲线,破坏特征
节点	①荷载 ②支座位移、转角、裂缝 ③根据测试目的确定节点应力(应变)的分布点 ④滞回曲线,破坏特征
结构	①荷载、支座反力 ②支座位移、最大位移、曲率、转角、裂缝 ③根据测试目的确定结构的测试部位及其应力(应变)的分布点 ④滞回曲线,破坏特征

表 2.8　结构拟动力试验的常用参量汇总表

分类	检测内容
杆件	①输入的加速度(或速度、或位移)时程曲线 ②输出的加速度(或力、或速度、或位移、或应变)时程曲线 ③裂缝开展状况,结构破坏特征

2.5.2　测点的选择与布置

利用仪器仪表对试件的各类反应进行测量时,由于一个仪表只能测量一个测试点,因此,测量结构物的力学性能,往往需要利用较多数量的测量仪表。一般来说,量测的点位越多越能了解结构物的应力和变形情况。但是,在满足试验目的的前提下,测点还是宜少不宜多,这样不仅可以节省仪器设备,避免人力浪费,而且使试验工作重点突出,精力集中,提高效率和保证质量。在测量工作之前,应该利用已知的力学和结构理论对结构进行初步估算,然后合理的布置测量点位,力求减少试验工作量而尽可能获得必要的数据资料。这样,测点的数量和布置必须是充分合理,同时是足够的。

对于一个新型结构或科研的新课题,由于对它缺乏认识,可以采用逐步逼近由粗到细的办法,先测定较少点位的力学数据,经过初步分析后再补充适量的测点,再分析再补充,直到能足够了解结构物的性能为止。有时也可以作一些简单的试验进行定性后再决定测量点位。

测点的位置必须要有代表性,以便于分析和计算。

在测量工作中,为了保证测量数据的可靠性,还应该布置一定数量的校核性测点,由于在试验量测过程中部分测量仪器工作不正常,发生故障,以及很多偶然因素影响量测数据的可靠性,因此不仅在需要知道应力和变形的位置上布置测点,也要求在已知应力和变形的位置上布点。这样我们就可以获得两组测量数据,前者称为测量数据,后者称为控制数据或校核数据。如果控制数据在量测过程中是正常的,可以相信测量数据是比较可靠的;反之,则测量数据的可靠性就差了。

测点的布置应有利于试验时操作和测读,不便于观测读数的测点,往往不能提供可靠的结果。为了测读方便,减少观测人员,测点的布置尚宜适当集中,便于一人管理若干个仪器。不便于测读和不便于安装仪器的部位,最好不设测点,否则也要妥善考虑安全措施,或者选择特殊的仪器或测定方法来满足测量的要求。

2.5.3　仪器的选择与测读的原则

(1)仪器的选择

在选择仪器时,必须从试验实际需要出发,使所用仪器能很好地符合量测所需的精度与量程要求,但是防止盲目选用高准确度和高灵敏度的精密仪器。一般的试验,要求测定结果的相对误差不超过5%,同时,应使仪表的最小刻度值小于5%的最大被测值。

仪器的量程应该满足最大测量值的需要。若在试验中途调整,必然会导致测量误差增大,应当尽量避免。为此,仪器最大被测值宜小于选用仪表最大量程的80%,一般以量程的1/5 ~ 2/3 范围为宜。

选择仪表时必须考虑测读方便省时,必要时须采用自动记录装置。

为了简化工作，避免差错，量测仪器的型号规格应尽可能选用一样的，种类越少越好。有时为了控制观测结果的正确性，常在校核测点上使用另一种类型的仪器。

动测试验使用的仪表，尤其应注意仪表的线性范围、频响特性和相位特性等，要满足试验量测的要求。

(2) 读数的原则

在进行测读时，一条原则是全部仪器的读数必须同时进行，至少也要基本上同时。

目前如能使用多点自动记录应变仪进行自动巡回检测，则对于进入弹塑性阶段的试件跟踪记录尤为合适。

观测时间一般应选在载荷过程中的加载间歇时间内的某一时刻。测读间歇可根据荷载分级粗细和荷载维持时间长短而定。

每次记录仪器读数时，应该同时记下周围的温度。

重要的数据应边作记录，边作初步整理，同时算出每级荷载下的读数差，与预计的理论值进行比较。

2.5.4　仪器仪表准备计划

试验测试方案完成后，则需进行制定仪器仪表准备计划，需要说明仪器仪表的型号、数量、来源以及准备方式，责任到人，分头落实。

仪器仪表的准备方式大致有合作、借用、租赁、购置等几种。仪器仪表的准备也需要一定量的信息，进行多种方案的比较。

2.6　结构试验与材料力学性能的关系

一个结构或构件的受力和变形特点，除受荷载等外界因素影响外，还要取决于组成这个结构或构件的材料内部抵抗外力的性能。可见，建筑材料的性能直接影响到结构或构件的质量，因此对于结构材料性能的检验与测定是结构试验中的一个重要的组成部分，特别是充分了解材料的力学性能，对于在结构试验前或试验过程中正确估计结构的承载能力和实际工作状况，以及在试验后整理试验数据、处理试验结果等工作中都具有非常重要的意义。

在结构试验中按照结构或构件材料性质的不同，必须测定相应的一些基本的数据，如混凝土的抗压强度、钢材的屈服强度和抗拉极限强度、砖石砌体的抗压强度等。在科学研究性的试验中为了了解材料的荷载变形、应力应变关系，材料的弹性模量通常也属于最基本的数据之一而必须加以测定。有时根据试验研究的要求，尚需测定混凝土材料的抗拉强度以及各种材料的应力应变曲线等有关数据。

在测量材料各种力学性能时，应该按照国家标准或部颁标准所规定的标准试验方法进行，对于试件的形状、大小、加工工艺及试验荷载、测量方法等都要符合规定的统一标准。这种标准试件试验得出相应的强度，称为“强度标准值”，是比较各种材料性能的相对标准。同时也把测定所得的其他数据（如弹性模量）作为用于结构试验资料整理分析或该项试验理论分析的有关参数。

在建筑结构抗震研究中，由于结构在试验时不仅承受一次单调静力荷载的作用，它将根据地震荷载作用的特点,在结构上施加周期性反复荷载,结构将进入非线性阶段工作,这时材料的应力应变关系就不能单纯按 $\sigma = E\varepsilon$ 来考虑,因此相应的材料试验也必须是在周期性反复荷载下进行,这时钢材将会出现包辛格效应,对于混凝土材料就需要进行应力应变曲线全过程的测定,特别要测定曲线的下降段部分,还需要研究混凝土的徐变-时间和握裹应力-滑移等关系,以供结构非线性分析使用。

在结构试验中确定材料力学性能的方法有直接试验法与间接试验法两种:

①直接试验法是最普通和最基本的测定方法,它是把材料按规定做成标准试件,然后在试验机上用规定的试验方法进行测定。这时要求材料应该尽可能与结构试件的工作情况相同,对钢筋混凝土结构来说,应该使他们的材性、级配、龄期、养护条件和加荷速度等保持一致,同时必须注意,如果采用的试件尺寸和试验方法有别于标准试件时,则应将试验结果按规定换算到标准试件的结果,就是在制作结构构件的同时,留出足够组数的标准试件,配合试验研究工作的需要,测定相应的参数。

②间接试验法也称为非破损试验法,对于已建结构的生产鉴定性试验,由于结构的材料力学性能随时间发生变化,为判断结构目前实有的承载能力,在没有同条件试块的情况下,必须通过对结构各部位现有材料的力学性能检测来决定。非破损试验是采用某种专用设备或仪器,直接在结构上测量与材料强度有关的另一物理量,如硬度、回弹值、声波传播速度等,通过理论关系或经验公式间接测得材料的力学性能。半破损试验是在结构或构件上进行局部微破损或直接取样的方法,推算出材料的强度,由试验所得到的力学性能直接鉴定结构构件的承载力。

这种间接测定的方法自 20 世纪 50 年代开始就被应用,近 20 年来,由于电子技术、固体物理学等发展和应用,目前有了足够精度和性能良好的仪器设备,非破损试验已经发展为一项专门的新型试验技术。

2.7 结构试验的技术性文件

结构试验的技术性文件一般包括试验大纲、试验记录和试验报告三个部分。

2.7.1 试验大纲

结构试验组织计划的表达形式是试验大纲。试验大纲是进行整个试验工作的指导性文件。其内容的详略程度视不同的试验而定,但一般应包括以下几个部分:

①试验项目来源,即试验任务产生的原因、渠道和性质。

②试验研究目的,即通过试验最后应得出的数据,如破坏荷载值、设计荷载下的内力分布和挠度曲线、荷载-变形曲线等,弄清楚试验研究目的,就能确定试验目标。

③试件设计要求,包括试件设计的依据及理论分析过程,试件的种类、形状、数量、尺寸,施工图设计和施工要求;还包括试件制作要求,如对试件原材料,制作工艺,制作精度等。

④辅助试验内容,包括辅助试验的目的、数量,试件的种类,数量及尺寸,试件的制作要求,试验方法等。

⑤试件的安装与就位,包括试件的支座装置,保证侧向稳定装置等。

⑥加载方法，包括荷载数量及种类、加载装置、加载图式、加载程序。

⑦量测方法，包括测点布置、仪表标定方法、仪表的布置与编号、仪表安装方法、量测程序。

⑧试验过程的观察，包括试验过程中除仪表读数外在其他方面应做的记录。

⑨安全措施，安全装置、脚手架、技术安全规定等。

⑩试验进度计划，时间与劳动任务的对应关系。

⑪经费使用计划，即试验经费的预算计划。

⑫附件，如设备、器材及仪器仪表清单等。

2.7.2 试验记录

除试验大纲外，每一项结构试验从开始到最终完成都需要有一系列的写实性的技术文件，主要有：

①试件施工图及制作要求说明书。

②试件制作过程及原始数据记录，包括各部分实际尺寸及疵病情况。

③自制试验设备加工图纸及设计资料。

④加载装置及仪器仪表编号布置图。

⑤仪表读数记录表，即原始记录表格。

⑥量测过程记录，包括照片、测绘图以及录像资料等。

⑦试件材料及原材料性能的测定数值的记录。

⑧试验数据的整理分析及试验结果总结，包括整理分析所依据的计算公式，整理后的数据图表等。

⑨试验工作日志。

以上文件都是原始资料，在试验工作结束后均应整理装订归档保存。

2.7.3 试验报告

试验报告是全部试验工作的集中反映，是一个很主要的技术文件，它概括了其他文件的主要内容。编写试验报告，应力求精简扼要。试验报告有时也不单独编写，而作为整个研究报告中的一部分。

试验报告内容一般包括：

①试验目的；

②试验对象的简介和考察；

③试验方法及依据；

④试验过程及问题；

⑤试验成果处理与分析；

⑥技术结论；

⑦附录。

结构试验必须在一定的理论基础上才能有效地进行。试验的成果为理论计算提供了宝贵的资料和依据，决不可凭借一些观察到的表面现象，为结构的工作妄下断语，一定要经过周详的考察和理论分析，才可能对结构的工作作出正确的符合实际情况的结论。“感觉只解决现象问题，理论才解决本质问题”。因此，不应该认为结构试验纯系是经验式的实验分析，相反，它是根据丰富的试验资料对结构工作的内在规律进行更深一步的理论研究。

习　题

2.1　某试验拟用 3 个集中荷载代替简支梁设计承受的均布荷载,试确定集中荷载的大小及作用点,画出等效内力图($P = qL/3$,两侧加载点距支座 $L/8$)。

2.2　用动态电阻应变仪测量动应变和用静态电阻应变仪测量静应变的异同点是什么?

2.3　何谓结构的动力特性?结构动力特性包括哪些参数?测定方法有哪几种?这些方法各适用于什么情况下的测振以及所能测定的参数是什么?

2.4　根据表中数据绘出图示结构物的振型图。

楼层	幅值 A	幅值 B
顶层	1.00	-1.00
8 层	0.75	-0.75
6 层	0.48	-0.48
4 层	0.24	-0.24
2 层	0.09	-0.09

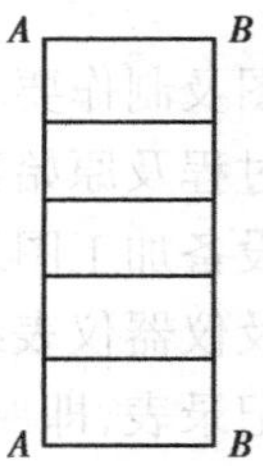

习题 2.4 图

2.5　根据图示结构的振动记录图,求结构的振动周期、阻尼参数。

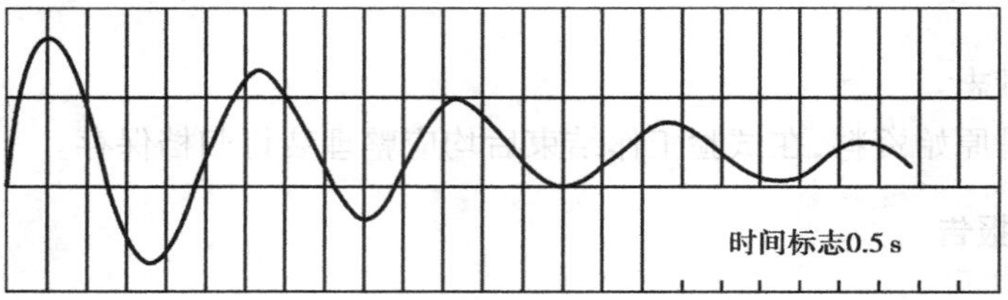

习题 2.5 图

2.6　伪静力试验和静力试验与结构疲劳有何异同之处?

2.7　拟动力试验和伪静力试验与地震模拟振动检测有何异同之处?

第3章 建筑结构试验荷载

3.1 概　述

建筑结构试验是模拟结构在实际受力工作状态下的结构反映，必须对试验对象施加荷载，所以结构的荷载试验是结构试验的基本方法。试验用的荷载形式、大小、加载方式等都是根据试验的目的要求，以如何能更好地模拟原有荷载等因素来选择。

建筑结构的动力性能，主要决定于所承受的动力荷载，而动力荷载的规律与所用的设备都比较复杂，所以在进行结构的动力试验时，对于荷载激振设备或加荷方法的选择主要决定于试验的任务与试验对象的性质。

在决定试验荷载时，还应该根据试验室的设备条件和现场所具备的试验条件的具体情况进行。正确和合理的荷载设计对整个试验工作将会有很大的好处；反之，如果设计不妥，不仅影响试验工作的顺利进行，甚至会导致整个试验的失败，严重的还会发生安全事故。因此，正确的荷载设计和选择适合于试验目的需要的加载设备，是保证整个试验工作顺利进行的关键之一。

产生荷载的方法与加载设备有很多种类：

①在静力试验中有利用重物直接加载或通过杠杆作用间接加载的重力加载方法，有利用液压加载器和液压试验机的液压加载方法，有利用绞车、差动滑轮组、弹簧和螺旋千斤顶等机械设备的机械加载方法，以及利用压缩空气或真空作用的特殊方法，等等。

②在动力试验中可以利用惯性力或电磁系统激振，比较先进的设备是由自动控制、液压装置与计算机相结合而组成的电液伺服加载系统和由此作为振源的地震模拟振动台加载设备等；此外，人工爆炸和利用环境随机激振（脉动法）的方法也开始广泛应用。

正确地选择试验所用的荷载设备和加载方法，对顺利地完成试验工作和保证试验的质量，有着很大的影响。

3.2 重力荷载

重力荷载就是利用物体本身的重量将物体施加于试验结构上作为荷载的加载方式。在试验室内可以利用的重物有专门浇铸的标准铸铁砝码、混凝土立方试块、水箱等；在现场则可就地取材，经常是采用普通的砂、石、砖等建筑材料或是钢锭、铸铁、废构件、食盐等。重物可以直接加在试验结构或构件上，也可以通过杠杆间接加在结构或构件上。

3.2.1 重力直接加载方法

(1)加荷作用方式

重物荷载可直接堆放于结构表面形成均布荷载或置于荷载盘上通过吊杆挂于结构上形成集中荷载，如图3.1所示。后者多用于现场作屋架试验，此时吊杆与荷载盘的自重应计入第一级荷载。

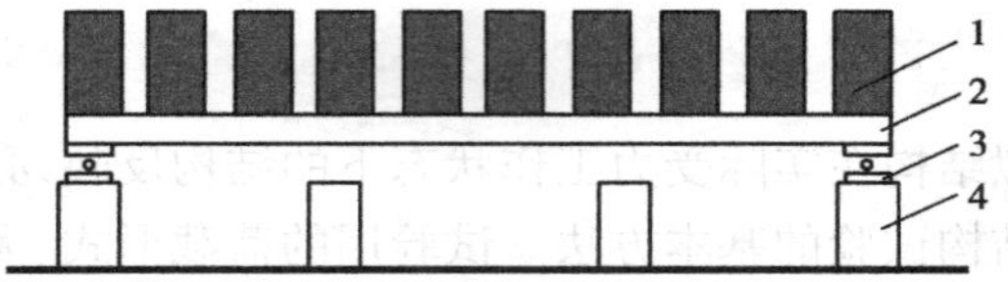

图3.1 用重物作均匀加载实验

1—重物；2—试件；3—支座；4—支墩

对于利用吊杆荷载盘作为集中荷载时，每个荷载盘必须分开或通过静定的分配梁体系作用于试验的对象上，使结构所受荷载传力路线明确。

这类加载方法的优点是试验荷载可就地取材，可重复使用，针对试验结构或试件的变形而言，可保持恒载，可分级加载，容易控制；但加载过程中需要花费较大的劳动力，占据较大的空间，安全性差，试验组织难度大。

(2)不同荷载的特点

1)散状材料

对于使用砂石等松散颗粒材料加载时，如果将材料直接堆放于试验结构表面，将会造成荷载材料本身起拱而对结构产生卸荷作用。为此，最好将颗粒状材料置于一定容量的容器之中，然后叠加于结构之上。

2)块体材料

如果是采用形体较为规则的块状材料加载，如砖石、铸铁、钢锭等，则要求叠放整齐，每堆重物的宽度≤5/l(l试验结构的跨度)，堆与堆之间应有一定间隔(3～5 cm)。如果利用铁块钢锭作为载重时，为了加载方便和操作安全，每块重量不宜大于20 kg。

3)吸湿材料

利用砂粒、砖石等吸湿材料作为荷载，它们的容重常随大气湿度而发生变化，故荷载值不易恒定，容易使试验的荷载值产生误差，应用时应加以注意。

4)液体材料

利用水作为重力加载的荷载,是一个简易方便而且甚为经济的方案。水可以盛在水桶内,用吊杆作用于试验结构上来作为集中荷载,也可以采用特殊的盛水装置作为均布荷载直接施加于结构表面,如图3.2所示。

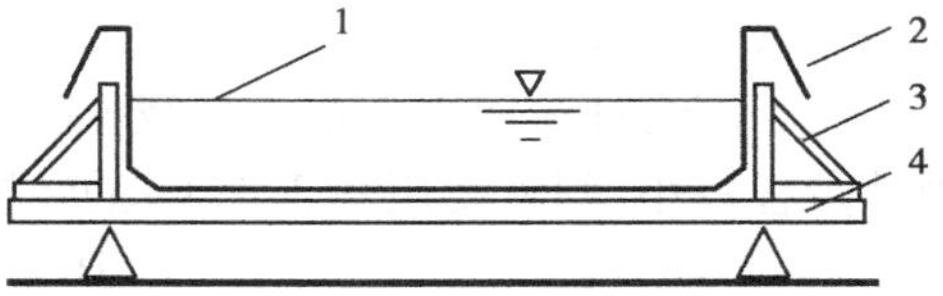

图3.2 用水作均匀加载的试验装置

1—水;2—防水布;3—斜撑;4—试件

利用水进行加载时,对于大面积的平板试验,例如楼面、平屋面等钢筋混凝土结构是甚为合适的加载方式,每施加1 000 N/m^2的荷载只需要10 cm高的水。加载时可以利用进水管,卸载时则利用虹吸管原理,这样就可以减少大量的加载劳动强度和劳动量。

在现场试验水塔、水池、油库等特种结构时,水是最为理想的试验荷载,它不仅符合结构物的实际使用条件,而且还能检验结构的抗裂抗渗情况。

水加载也有一定缺点,液体的深度要随试验结构的变形而变化,会改变荷载的分布形式;试验测试的仪器仪表也难于布置;结构受载面无法观测。

3.2.2 杠杆加载方法

杠杆加载也属于重力加载的一种。利用杠杆原理,将荷载放大作用于结构上。杠杆制作方便,荷载值稳定不变,当结构有变形时,荷载可以保持恒定,对于作持久荷载试验尤为适合。杠杆加载的装置根据试验室或现场试验条件而不同,按平衡力的性质可以有两种方案,如图3.3(a)、(b)所示。

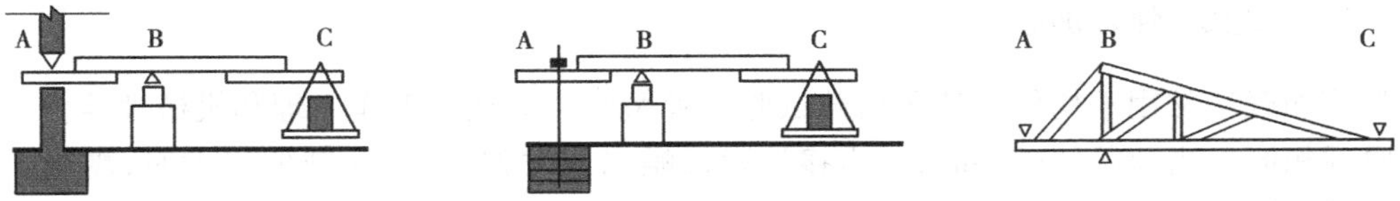

(a)承压平衡式　(b)拉杆平衡式　(c)桁架式杠杆

图3.3 杠杆加载装置

根据试验需要,当荷载不大时,可以用单梁式或组合式杠杆;当荷载较大时,则可采用桁架式杠杆,其构造如图3.3(c)所示。

杠杆ABC的支点为A点和B点,是作用在结构上的两个着力点,C点是重物的加载点。这三点的位置必须很准确,由此确定杠杆的比例或放大率。

3.3 机械力荷载

3.3.1 卷扬机、绞车加载

机械力加载常用的机具有吊链、卷扬机、绞车、花篮螺丝、螺旋千斤顶及弹簧等。吊链、卷扬机、绞车和花篮螺丝等主要是配合钢丝或绳索对结构施加拉力,还可与滑轮组联合使用,改变作用力的方向和拉力大小。拉力的大小通常用拉力测力计测定，按测力计的量程有两种装置方式。当测力计量程大于最大加载值时用图3.4(a)所示串联方式，直接测量绳索拉力。如测力计量程较小，则需要用图3.4(b)的装置方式，此时作用在结构上的实际拉力应为

$$P=\varphi\cdot n\cdot K\cdot p$$

式中 p——拉力测力计读数；

φ——滑轮摩擦系数(对涂有良好润滑剂的可取0.96~0.98)；

n——滑轮组的滑轮数；

K——滑轮组的机械效率。

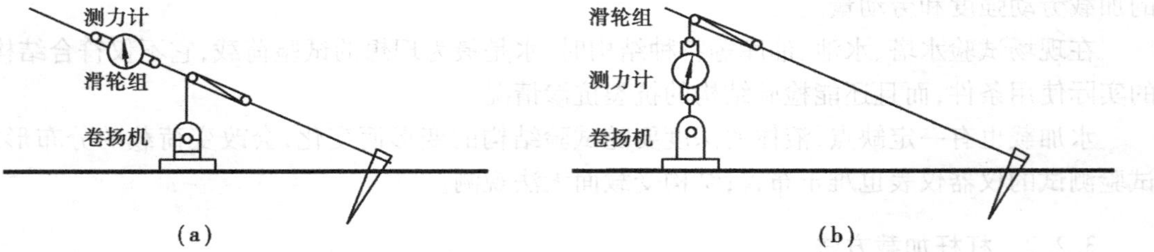

图3.4 拉力测力装置布置图

3.3.2 螺旋千斤顶加载

螺旋千斤顶是利用齿轮及螺杆式蜗杆机构传动的原理，当摇动千斤顶手柄时，蜗杆就带动螺旋杆顶升，对结构施加顶推压力，加载值的大小可用测力计测定。

3.3.3 螺旋、弹簧加载

弹簧加载法常用于构件的持久荷载试验。弹簧施加荷载的工作原理和机械螺栓弹簧垫的工作原理相同。当荷载值较小时，可直接拧紧螺帽以压缩弹簧；当荷载值很大时，需用千斤顶压缩弹簧后再拧紧螺帽。

使用弹簧加载时，弹簧变形值与压力的关系要预先测定，在试验时只需知道弹簧最终变形值，即可求出对试件施加的压力值。用弹簧作为持久荷载时，应事先估计到当结构徐变使弹簧压力变小时，其变化值是否在弹簧变形的允许范围内。

3.3.4 倒链

在野外试验时，使用倒链进行加载，简捷方便，能够改变荷载方向，空间布置相对比较灵活。

机械力加载的优点是设备简单，容易实现，当通过索具加载时，很容易改变荷载作用方向，故在建筑物、柔性构筑物(如塔架等)的实测或大尺寸模型试验中，常用此法施加水平集中荷载。其缺点是荷载值不大，当结构在荷载作用点产生变形时，会引起荷载值的改变。

弹簧加载法常用于构件的持久荷载试验。弹簧施加荷载的工作原理和机械螺栓弹簧垫的工作原理相同。

3.4　电磁荷载

3.4.1　电磁激振器

电磁激振器是由磁系统(包括励磁线圈、铁芯、磁极板)、动圈(工作线圈)、弹簧、顶杆等部件组成。图3.5所示为电磁激振器的构造图。动圈固定在顶杆上,置于铁芯与磁极板的空隙中,顶杆由弹簧支承并与壳体相连。弹簧除支承顶杆外,工作时还使顶杆产生一个稍大于电动力的预压力,使激振时不致产生顶杆撞击试件的现象。

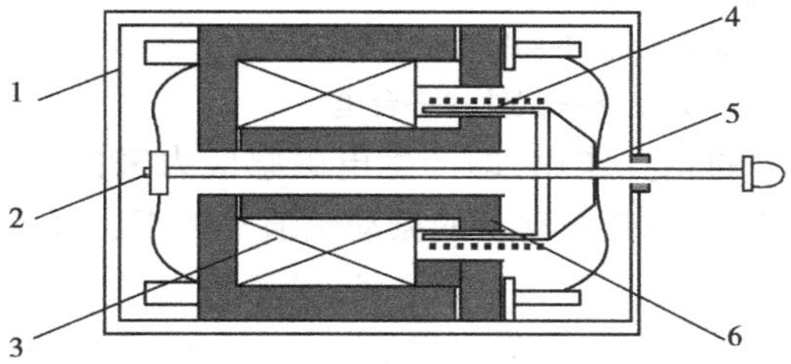

图3.5　电磁式激振器的构造图
1—外壳;2—顶杆;3—励磁线圈;4—动圈;
5—支撑弹簧;6—铁芯

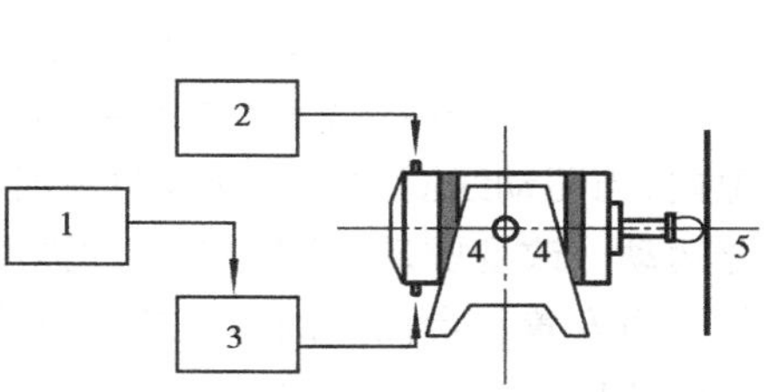

图3.6　电磁激振器的工作原理图
1—信号发生器;2—励磁电源;3—功率放大器;
4—电磁激振器;5—试件

当激振器工作时,在励磁线圈中通入稳定的直流电,使在铁芯与磁极板的空隙中形成一个强大的磁场。与此同时,由低频信号发生器输出一交变电流,并经功率放大器放大后输入工作线圈,这时工作线圈即按交变电流谐振规律在磁场中运动并产生一电磁感应力 F,使顶杆推动试件振动,如图3.6所示。根据电磁感应原理,即

$$F = 0.102BLI \times 10^{-4}$$

式中　B——磁场强度;

L——工作线圈导线的有效长度;

I——通过工作线圈的交变电流。

电磁激振器使用时装于支座上,可以作垂直激振,也可作水平激振。

电磁激振器的频率范围较宽,一般在0～200 Hz,国内个别产品可达1 000 Hz,推力可达几个千牛,重量轻,控制方便,按给定信号可产生各种波形的激振力。缺点是激振力不大,一般仅适合于小型结构及模型试验。

3.4.2　电磁式振动台

电磁式振动台工作原理基本上与电磁激振器一样,其构造实际上是利用电磁激振器来推动一个活动的台面。

电磁式振动台由信号发生器、振动自动控制仪、功率放大器、振动台激振器和台面组成,如图3.7所示。

当励磁线圈中通入直流电流时,即产生强大的电磁场。因驱动线圈位于有强磁场的环形

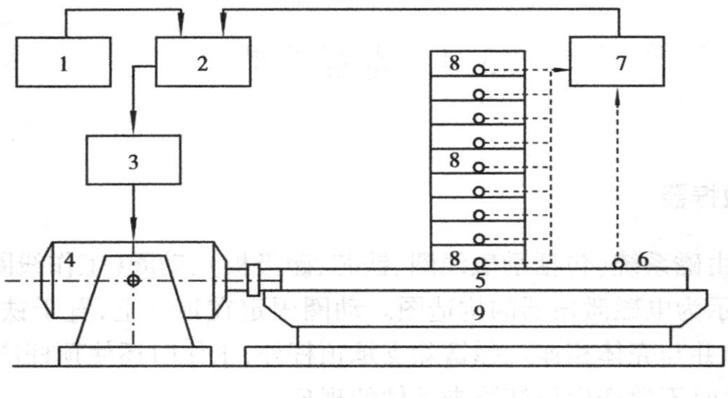

图 3.7　电磁振动台组成系统图

1—信号发生器;2—自动控制仪;3—功率放大器;4—电磁激振器;
5—振动台台面;6—测振传感器;7—记录系统;8—试件;9—台坐

空气隙内,当驱动线圈中输入交变电流时,由于磁场的相互作用,即产生电磁感应力来推动可动部分运动。改变驱动线圈中电流的强度及频率,即可改变振动台的振动幅值及频率,台面的振动量可由安置在台面上的传感器进行监视。

电磁式振动台使用频率范围较宽,台面振动波形较好,一般失真度在 5 % 以下,操作使用方便,容易实现自动控制。但用电磁振动推动一水平台在进行结构模型试验时,由于激振力不足够大,以致台面尺寸和模型重量均会受到限制。

3.5　液压荷载

液压加载是目前结构试验中应用比较普遍和理想的一种加载方法。它的最大优点是利用油压使液压加载器(俗称液压千斤顶)产生较大的荷载,试验操作安全方便,特别是对于大型结构构件,当试验要求荷载点数多、吨位大时更为合适。尤其是电液伺服系统在试验加载设备中得到广泛应用后,为结构动力试验模拟地震荷载、海浪波等不同特性的动力荷载创造了有利条件,使动力加载技术发展到了一个新的高度。

3.5.1　液压加载器

液压加载器是液压加载设备中的一个主要部件。其主要工作原理是用高压油泵将具有一定压力的液压油压入液压加载器的工作油缸,使之推动活塞,对结构施加荷载。荷载值可以用油压表示值和加载器活塞受压底面积求得,用这种方法得到的荷载值较粗;也可以用液压加载器与荷载承力架之间所置的测力计直接测读。现在常用的方法是用传感器将信号输给电子秤显示或输给应变仪显示或由记录器直接记录。

液压加载器的品种有普通工业用的手动液压加载器,有专门为结构试验设计的单向作用和双向作用的液压加载器。

普通手动液压加载器的工作原理和打气筒的工作原理相似,使用时先拧紧放油阀,截断回油油路,揿动加载器的杠杆式手柄,把储油缸中的油通过单向阀压入工作油缸,推动活塞上升。这种加载器活塞的最大行程为 20 cm 左右。这类加载器规格很多,最大的加载能力可达5 000 kN。

利用普通手动液压加载器配合荷载架和静力试验台座,是液压加载方法中最简单的一种加载方法,设备简单,作用力大,加载卸载安全可靠,与重力加载法相比,可大大减轻劳动强度和劳动量。但是,如要求进行多点加载时则需要多人同时操纵多台液压加载器,这时难以做到同步加载卸载,尤其当需要恒载时更难以保持稳压状态。因此,这类加载器目前已经很少使用。

单向作用液压加载器是为了满足结构试验中同步液压加载的需要而专门设计的加载设备,工作原理如图3.8(a)所示。它的特点是储油缸、油泵、阀门等是独立的,不附在加载器上,所以其构造比较简单,只由活塞和工作油缸两者组成。其活塞行程较大,顶端装有球铰,可在15°范围内转动,整个加载器可按结构试验需要能倒置、平置、竖置安装,并适宜于多个加载器组成同步加载系统使用,能满足多点加载的要求。

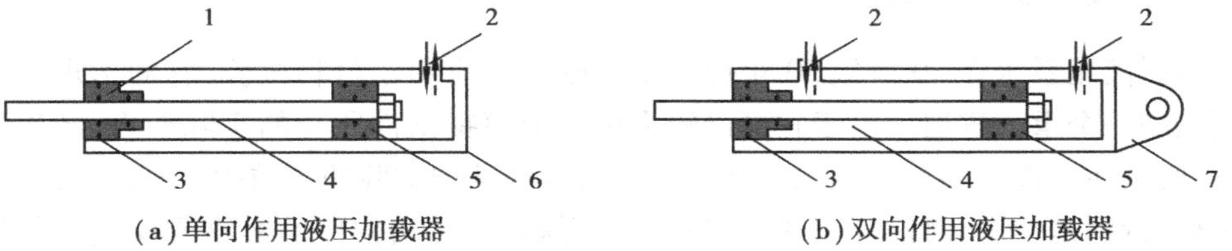

图3.8 单、双向作用液压加载器图

1—端盖;2—进油出油口;3—油封装置;4—活塞杆;5—活塞;6—工作油缸;7—固定环

为适应结构抗震试验施加低周反复荷载的需要,采用了一种能双向作用的液压加载器,工作原理如图3.8(b)所示。它的特点是在油缸的两端各有一个进油孔,设置油管接头,可通过油泵与换向阀交替进行供油,使活塞对结构产生拉或压的双向作用对试验结构施加反复荷载。

3.5.2 液压加载系统

液压加载法中利用普通手动液压加载器配合荷载架和静力试验台座使用,是一种最简单的加载方法。但它很难满足多点同步加载卸载,尤其需要恒载时更难保持稳压状态。与普通手动液压加载器相比,比较理想的加载方法是能够变荷的同步液压加载设备,称之为液压加载系统。液压加载系统主要是由储油箱、高压油泵、液压加载器、测力装置和各类阀门通过高压油管连接组成的操纵台。

当使用液压加载系统在试验台座上或现场进行试验时尚必须配置各种支承系统,来承受液压加载器对结构加载时产生的平衡力系。

利用液压加载试验系统可以作各类建筑结构的静荷试验,如屋架、梁、柱、板、墙板等,尤其对大吨位、大挠度、大跨度的结构更为适用,它不受加荷点数的多少、加荷点的距离和高度的限制,并能适应均布和非均布、对称和非对称加荷的需要。

3.5.3 大型结构试验机

大型结构试验机本身就是一种更加完善的液压加载系统。它是结构试验室内进行大型结构试验的一种专门设备,比较典型的是结构长柱试验机,主要用来进行柱、墙板、砌体、节点与梁的受压与受弯试验。这种设备的构造和原理与一般材料试验机相同,由液压操纵台、大吨位的液压加载器和试验机等三部分组成。由于进行大型构件试验的需要,它的液压加载器的吨位要比材料试验机的吨位大,一般至少在 2 000 kN 以上,机架高度在 3 m 左右或更高。目前国内普遍使用的长柱试验机的最大吨位是 5 000 kN,最大高度可为 3 m,国外有高达 7 m、最大荷载达 10 000 kN 甚至更大的结构试验机。

日本最大的大型结构构件万能试验机的最大压缩荷载为 30 000 kN,同时可以对构件进行抗拉试验,最大抗拉荷载为 10 000 kN,试验机高度达 22.5 m,四根工作立柱间净空为 3 m×3 m,可进行高度为 15 m 左右构件的受压试验,最大跨度为 30 m 构件的弯曲试验,最大弯曲荷载为 12 000 kN。这类大型结构试验机还可以通过专用的中间接口与计算机相连,由程序控制自动操作。此外还配以专门的数据采集和数据处理设备,试验机的操纵和数据处理能同时进行,其智能化程度较高。

3.5.4 电液伺服液压系统

电液伺服液压系统在 20 世纪 50 年代中期开始首先应用于材料试验,它的出现是材料试验技术领域的一个重大进展。由于它可以较为精确地模拟试件所受的实际外力,产生真实的试验状态,所以在近代试验加载技术中又被人们引入到结构试验的领域中,用以模拟并产生各种振动荷载,特别是地震、海浪等荷载对结构物的影响,对结构构件的实物或模型进行加载试验,以研究结构的强度及变形特性。它是目前结构试验研究中一种比较理想的试验设备,特别是用来进行抗震结构的静力或动力试验尤为适宜,所以越来越受到人们的重视,同时被广泛应用。

(1)电液伺服加载系统的工作原理

电液伺服加载系统采用闭环控制,其主要组成有:电液伺服加载器、控制系统和液压源等三大部分,它能将荷载、应变、位移等物理量直接作为控制参数,实行自动控制。其主要工作过程是:根据控制指令信号,油泵从液压源输出高压油进入伺服阀,由伺服阀驱动双向加载器对试件施加试验所需要的荷载。根据不同的控制类型,由起控制作用的传感器(如荷载传感器、应变计、位移传感器等)测量试件反馈信号,将指令信号与反馈信号在伺服控制器中进行比较,其差值即为补差信号,经放大后再次控制伺服阀驱动加载器继续工作,从而完成全系统闭环控制。电液伺服液压系统的基本闭环回路如图 3.9 所示。其中包括输入指令信号、反馈信号和补差信号,以便连续调节反馈消息与原指令相等,完成对试件的加载要求。

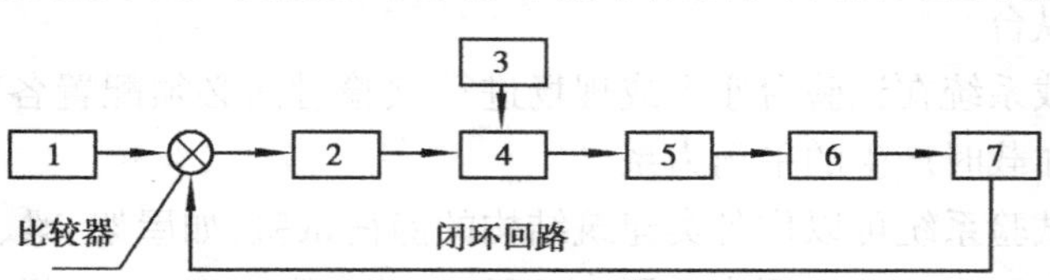

图 3.9 电液伺服液压系统的基本闭环回路

1—指令信号;2—调整放大系统;3—油源;4—伺服阀;

5—加载器;6—传感器;7—反馈系统

(2)电液伺服阀的工作原理

电液伺服阀是电液伺服加载系统中的心脏部分,它安装在液压加载器上,根据指令发生器发出的信号,将来自液压源的液压油输入加载器,使加载器按输入信号的规律产生振动,对结构施加荷载,同时由伺服阀及结构上测量的控制信号通过伺服阀作反馈控制,以提高整个系统的灵敏度。

永久磁钢产生的磁通和控制线圈电流产生的磁通其方向不同,在铁芯的一端两磁通相加,而在另一端两磁通相减。该磁力克服弹簧管一定的弹力而使铁芯作一逆时针角位移。若电流方向相反,则铁芯作一顺时针方向角位移。

当铁芯逆时针或顺时针转一角位移后,与铁芯连接的反馈杆驱使伺服阀核心部件——滑芯的间隙减小或增大。滑芯间隙减小,加载器活塞的位移量少,施加的力也小;反之则大。并且通过滑芯的特殊装置,使反馈杆立即回到平衡位置。

电液伺服阀能根据输入电流的极性和大小控制油的流向和流量。其流量与输入电流大小基本上成比例变化。

目前电液伺服液压试验系统大多数与电子计算机配合使用。这样整个系统可以进行程序控制,扩大系统功能,如输出各种波形信号,进行数据采集和数据处理,控制试验的各种参数和进行试验情况的快速判断。

3.5.5 地震模拟振动台

为了深入研究结构在地震和各种振动作用下的动力性能,特别是在强地震作用下结构进入超弹性阶段的性能,20世纪70年代以来,国外先后建成了一批大中型的地震模拟振动台,在试验室内进行结构物的地震模拟试验,以求得地震反应对结构的影响。

地震模拟振动台是再现各种地震波对结构进行动力试验的一种先进试验设备,其特点是具有自动控制和数据采集及处理系统,采用了电子计算机和闭环伺服液压控制技术,并配合先进的振动测量仪器,使结构动力试验水平提高到了一个新的高度。

下面对地震模拟振动台的组成和工作原理作一扼要说明:

(1)振动台台体结构

振动台台面是平板结构,其尺寸大小由结构模型的最大尺寸来决定。台体自重和台身结构与承载的试件重量及使用的频率范围有关。一般振动台都采用钢结构,控制方便、经济而又能满足频率范围要求,模型重量和台身重量之比以小于2为宜。

振动台必须安装在质量很大的基础上,基础的重量为可动部分重量或激振力的10倍以上,这样可以改善系统的高频特性,并可以减小对周围建筑和其他设备的影响。

(2)液压驱动和动力系统

液压驱动系统是给振动台以巨大推力的装置。按照振动台是单向、双向或三向运动,并在满足产生运动各项参数的要求下,各向加载器的推力取决于可动质量的大小和最大加速度的要求。目前世界上已经建成的大中型的地震模拟振动台,基本是采用电液伺服系统来驱动,它在低频时能产生巨大的推力,故被广泛应用。

液压加载器上的电液伺服阀根据输入信号(周期波或地震波)控制进入加载器液压油的流量大小和方向,从而由加载器推动台面在垂直轴或水平轴方向上产生其相位受控的正弦运动或随机运动。

液压动力系统是一个巨大的液压功率源,能供给液压驱动系统所需要的高压油,以满足巨大推力和台身运动速度的要求。现代建成的振动台中还配有大型蓄能器组,根据蓄能器容量的大小使瞬时流量可为平均流量的1~8倍,它能产生具有极大能量的短暂的突发力,以便模拟地震产生的扰力。

(3)控制系统

在目前运行的地震模拟振动台中有两种控制方法:一种是纯属于模拟控制,另一种是用数字计算机控制。

模拟控制方法有位移反馈控制和加速度信号输入控制两种。在单纯的位移反馈控制中,由于系统的阻尼小,很容易产生不稳定现象,为此在系统中增大阻尼、加入加速度反馈,以提高系统的反应性能和稳定性能,由此还可以减小加速度波形的畸变。为了能使直接得到的强地震加速度记录来推动振动台,在输入端可以通过二次积分,同时输入位移、速度和加速度三种信号进行控制,图3.10所示为地震模拟振动台加速度控制系统图。

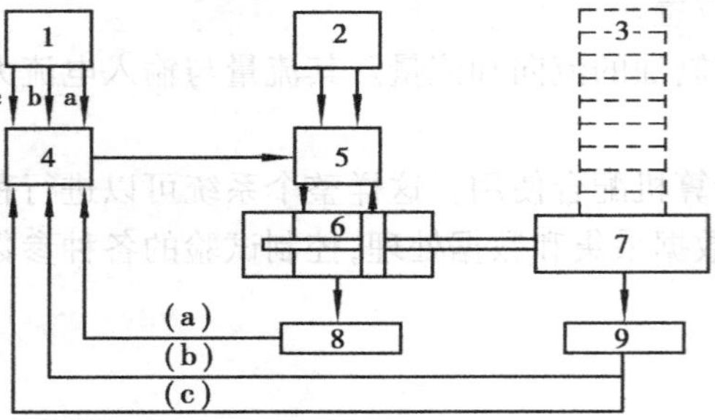

图3.10　地震模拟振动台加速度控制系统图

a、b、c表示加速度、速度、位移信号输入

(a)、(b)、(c)表示加速度、速度、位移信号反馈

1—信号输入控制器;2—油源;3—试件;

4—伺服放大器;5—伺服阀;6—加载器;

7—振动台;8—位移传感器;9—加速度传感器

为了提高振动台控制精度,采用计算机进行数字迭代的补偿技术,实现台面地震波的再现,试验时,振动台台面输出的波形是期望再现的某个地震记录,或是模拟设计的人工地震波。由于包括台面、试件在内的系统非线性影响,在计算机给台面的输入信号激励下所得到的反应与输出的期望之间必然存在误差。这时,可由计算机将台面输出信号与系统本身的传递函数(频率响应)求得下一次驱动台面所需的补偿量和修正后的输入信号。经过多次迭代,直至台面输出反应信号与原始输入信号之间的误差小于预先给定的量值,完成迭代补偿并得到满意的期望地震波形。

(4)测试和分析系统

测试系统除了对台身运动进行控制而测量位移、加速度等外,还必须对试验模型进行多点测量,测点的数量和类型要根据所需研究的内容和要了解的问题而定,一般是测量位移、加速度和应变等,总测点数可达百余点。位移测量多数采用差动变压器式和电位计式的位移计,可测量模型相对于台面的位移或相对于基础的位移;加速度测量采用应变式加速度计、压电式加速度计,近年来也有采用差容式或伺服加速度计的。

对模型的破坏过程可采用摄像机进行记录,便于在电视屏幕上进行破坏过程的分析。

数据的采集可以在直视式示波器或磁带记录器上将反应的时间历程记录下来,或经过模数转换送到数字计算机储存,并进行分析处理。

振动台台面运动参数最基本的是位移、速度、加速度以及使用频率。一般是按模型比例及试验要求来确定台身满负荷时的最大加速度、速度和位移等数值。最大加速度和速度均需按照模型相似原理来选取。

使用频率范围由所作试验模型的第一频率而定,一般各类结构的第一频率在1~10 Hz范围内。为考虑到高阶振型,频率上限当然越大越好,故整个系统的频率范围应该大于10 Hz,但这又受到驱动系统的限制,即当要求位移振幅大时,加载器的油柱共振频率下降,缩小了使用频率范围,为此这些因素都必须权衡后确定。

3.6　惯性力荷载

在结构动力试验中,利用物体质量在运动时产生的惯性力对结构施加动力荷载,也可以利用弹药筒或小火箭在炸药爆炸时产生的反冲力对结构进行加载。

3.6.1　冲击加载

冲击力加载技术已趋于淘汰。冲击力加载的特点是:荷载作用时间极为短促,在它的作用下使被加载结构产生自由振动,适用于进行结构动力特性的试验。

(1)初位移加载法

初位移加载法也称为张拉突卸法。如图3.11(a)所示,在结构上拉一钢丝缆绳,使结构变形而产生一个人为的初始强迫位移,然后突然释放,使结构在静力平衡位置附近作自由振动。

(a)　　(b)

图3.11　用张拉突卸法对结构施加冲击力荷载

1—结构物;2—钢拉杆;3—保护索;4—钢丝绳;5—绞车;6—实验模型;

7—钢丝;8—滑轮;9—支架;10—重物;11—减振垫层

对于小模型则可采用图3.11(b)的方法,使悬挂的重物通过钢丝对模型施加水平拉力,剪断钢丝造成突然卸荷。这种方法的优点是结构自振时荷载已不存在,对结构没有附加质量的影响。但仅适用于刚度不大的结构,才能以较小的荷载产生初始变位。

(2)初速度加载法

初速度加载法也称突加荷载法。如图3.12(a)、(b)所示,利用摆锤或落重的方法使结构在瞬时内受到水平或垂直的冲击,产生一个初速度,同时使结构获得所需的冲击荷载。这时作用力的总持续时间应该比结构的有效振型的自振周期尽可能短些,这样引起的振动是整个初速度的函数,而不是力大小的函数。

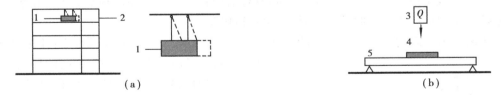

(a)　　(b)

图3.12　用摆锤或落重法施加冲击力荷载

1—摆锤;2—结构;3—落锤;4—垫层;5—试件

当用如图3.12(a)所示的摆锤进行激振时,如果摆和建筑物有相同的自振周期,摆的运动就会使建筑物引起共振,产生自振振动。使用图3.12(b)这种方法,荷载将附着于结构一起振动,并且下落重物的跳动又会影响结构自振阻尼振动,同时有可能使结构受到局部损伤。这时冲击力的大小要按结构强度计算,不致使结构产生过度的应力和变形。

用垂直落重冲击时,落重取结构自重的0.10%(指试验对象跨间),落重高度 $h \leqslant 2.5$ m,为防止重物回弹再次撞击和局部受损,拟在落点处铺设10~20 cm的砂垫层。

(3)反冲激振法

近年来在结构动力试验中研制成功了一种反冲激振器,也称火箭激振。它适用于现场对结构实物进行试验,小冲量反冲激振器也可用于室内试验。

图3.13所示为反冲激振器的结构示意图。激振器的壳体是用合金钢制成,它的结构主要有:①燃烧室壳体;②底座;③喷管;④火药;⑤点火装置等五部分组成。

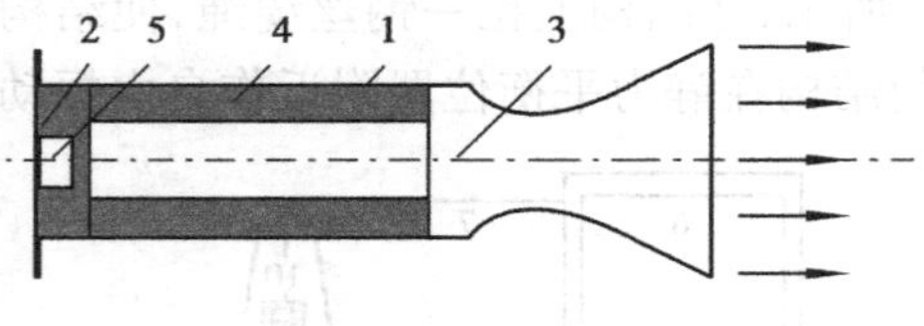

图3.13 反冲激振器结构示意图
1—燃烧室壳体;2—底座;3—喷管;
4—火药;5—点火装置

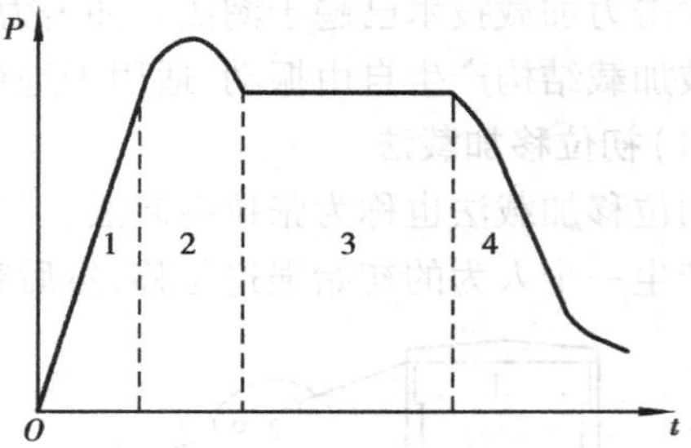

图3.14 反冲激振器输出特性曲线
1—升压段;2—高峰段;
3—平衡压力工作段;4—后效段

反冲激振器的基本工作原理是点火装置使火药燃烧,火药产生的高温高压气体便从喷管口以极高的速度喷出。如果气流每秒喷出的重量为 W_s,则按动量守恒定律可得到反冲力 P。即

$$P = W_s v/g$$

式中 v——气流从喷口喷出的速度;

g——重力加速度。

反冲激振器的输出特性曲线如图3.14所示。主要分为升压段、平衡压力工作段及火药燃尽后燃气继续外泄阶段。根据火药的性能、重量及激振器的结构,可设计出不同的特性曲线。若将多个反冲激振器沿高耸结构不同高度布置,还可以进行高阶振型的测定。

3.6.2 离心力加载

离心力加载是根据旋转质量产生的离心力对结构施加的简谐振动荷载,当作用力的大小和频率按一定规律产生变化时,能使结构产生强迫振动。

利用离心力加载的机械式激振器的原理如图3.15所示。一对偏心质量,使它们按相反方向运转,通过离心力产生一定方向的加振力。

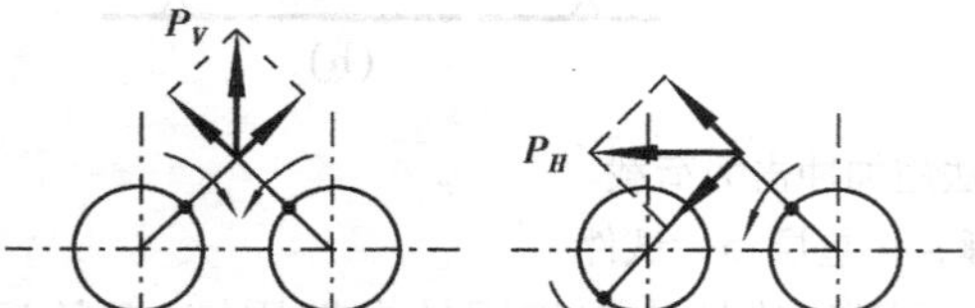

图3.15 机械式激振器的原理图

使用时将激振器底座固定在被测结构物上,由底座把激振力传递给结构,致使结构受简谐变化激振力的作用。一般要求底座有足够的刚度,以保证激振力的传递效率。

激振器产生的激振力等于各旋转质量离心力的合力。改变质量或调整带动偏心质量运转电机的转速,即改变角速度 ω,即可调整激振力

的大小。

多台同步激振器使用时不但可提高激振力,同时可以扩大试验内容,如根据需要将激振器分别装置于结构物的特定位置上,可以激起结构物的某超级高阶振型,给研究结构高频特性带来方便。如两台激振器反向同步激振,就可进行扭振试验。

将激振器按水平激振要求与一刚性平台连接时,则就是最早期的机械式水平振动台。

3.6.3 直线位移惯性力加载

若将多个反冲激振器沿高耸结构不同高度布置,还可以进行高阶振型的测定。

直线位移惯性力加载系统的主要动力部分就是前述电液伺服系统,即由闭环伺服控制通过电液伺服阀控制固定在结构上的双作用液压加载器,由加载器带动质量块作水平直线往复运动。如图3.16所示,由运动着的质量产生的惯性力激起结构振动。改变指令信号的频率,即可调整平台频率,改变负荷重块的质量,即可改变激振力的大小。

这种加载方法的特点适用于现场结构动力加载,在低频条件下各项性能都比较好,可产生较大的激振力。但频率较低,只适用于1 Hz以下的激振。

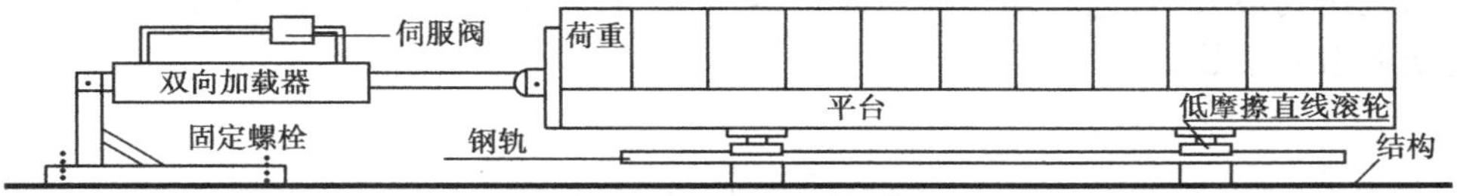

图3.16 直线位移惯性力加载系统

3.7 气压荷载

利用气体压力对结构加载有两种方式:一种是利用压缩空气加载;另一种是利用抽真空产生负压对结构构件施加荷载。由于气压加载所产生的是均布荷载,所以,对于平板或壳体试验尤为适合。

图3.17所示为用压缩空气试验钢筋混凝土板的装置。台座由基础(或柱墩式的支座)、纵梁和横梁、承压梁和板以及用橡胶制成的不透气的气囊组成。气囊外面有帆布的外罩。由空气压缩机将空气通过蓄气室打入气囊,对结构施加垂直于试验结构的均布压力。蓄气室的作用是储气和调节气囊的空气压力,由气压表测定空气压力值的大小。

压缩空气加载法的优点是加载卸载方便,压力稳定,缺点是结构受载面无法观测。

对于某些封闭结构,可以利用真空泵抽真空的方法,造成内外压力差,即利用负压作用使结构受力。这种方法在模型试验中用得较多。

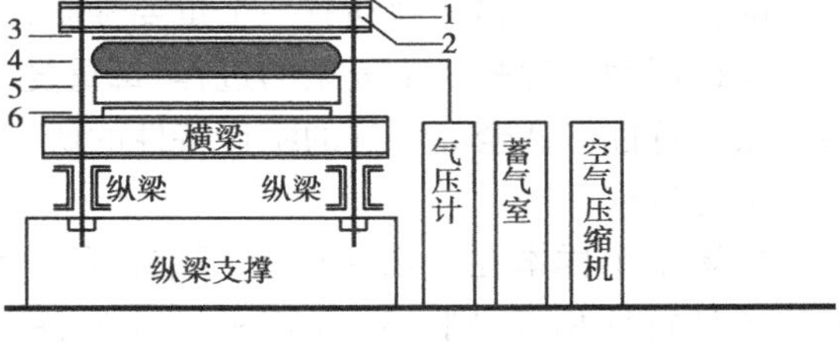

图3.17 气压加载装置示意图
自上而下共有6层装置:
1—螺母;2—压梁;3—拼合木板;
4—气囊;5—试件;6—试验支座

3.8 人力激振荷载

在上述所有动力试验的加载方法中，一般都需要比较复杂的设备，这在试验室内尚可满足，而在野外现场试验时经常会受到各方面的限制。因此希望有更简单的试验方法，它既可以给出有关结构动力特性的资料数据而又不需要复杂设备。

在试验中发现，人们可以利用自身在结构物上有规律的活动，产生足够大的人力惯性力，就有可能形成适合作共振试验的振幅。这对于自振频率比较低的大型结构来说，完全有可能被激振到足可进行量测的程度。

国外有人试验过，一个体重约 70 kg 的人使其质量中心作频率为 1 Hz、双振幅为 15 cm 的前后运动时，将产生大约 0.2 kN 的惯性力。由于在 1% 临界阻尼的情况下共振时的动力放大系数高达 50，这意味着作用于建筑物上的有效激振力大约为 10 kN。

利用这种方法曾在一座 15 层钢筋混凝土建筑上取得了振动记录。开始不多几个周期建筑物运动就达到最大值，这时操作人员停止运动，让结构作有阻尼自由振动，可以获得结构的自振周期和阻尼系数。

3.9 随机荷载

人们在实验观测中发现，建筑结构由于受外界的干扰而经常处于不规则的振动中，其振幅在 10 μm 以下，称之为脉动。

建筑物的随机荷载与地面脉动、风或气压变化有关，特别是受城市车辆、机器设备等产生的扰动和附近地壳内部小的裂缝以及远处地震传来的影响尤为重要，其脉动周期一般为 0.1 ~ 2.0 s，并且任何时候都存在着环境随机振动，从而引起建筑物的响应。这种能够引起建筑物脉动的作用或外界的干扰称为随机荷载。

建筑物的随机荷载不论是风还是地面脉动，它们都是不规则的，可以是各种不同值的变量，在随机理论中称之为随机过程，它无法用一确定的时间函数来描述。由于建筑物的随机荷载是一个随机过程，则建筑物的脉动也必定是一个随机过程。地面脉动所包含的频谱是相当丰富的，为此，建筑物的脉动有一个重要性质，即它明显反映出建筑物的固有频率和自振特性。

随机振动过程是一个复杂的过程，每重复一次所取得的每一个样本都有不同，所以，一般随机振动特性应从全部事件的统计特性的研究中得出，并且必须认为这种随机过程是各态历经的平稳过程。

如果单个样本在全部时间上所求得的统计特性与在同一时刻对振动历程的全体所求得的统计特性相等，则称这种随机过程为各态历经的。另外，由于建筑物脉动的主要特征与时间的起点选择关系不大，它在时刻 $[t_1, t_2]$ 这一段随机振动的统计信息与 $[t_1+\tau, t_2+\tau]$ 这一段的统计信息是相关的，并且差别不大，即具有相同的统计特性，因此，建筑物脉动又是一种平稳随机过程，只要我们有足够长的记录时间，就可以用单个样本函数来描述随机过程的所有特性。

与一般振动问题相类似,随机振动问题也是讨论系统的输入(激励)、输出(响应)以及系统的动态特性三者之间的关系。

3.10　荷载反力设备

3.10.1　支座

结构试验中的支座是支承结构、正确传力和模拟实际荷载图式的设备,通常由支墩和铰支座组成。

支墩在现场多用砖块临时砌成,支墩上部应有足够大的、平整的支承面,最好在砌筑时要铺设钢板。支墩本身的强度必须要进行验算,支承底面积要按地基耐力来复核,保证试验时不致发生沉陷或过度变形。在试验室内可用钢或钢筋混凝土制成专用设备。

支座按受力性质不同有嵌固端支座和铰支座之分。铰支座一般均用钢材制作,按自由度不同分为滚动铰支座和固定铰支座两种形式,如图 3.18 所示。按形状不同分为轴铰支座和球铰支座;按活动方向不同分为单向铰支座和双向铰支座。铰支座设计的基本要求:

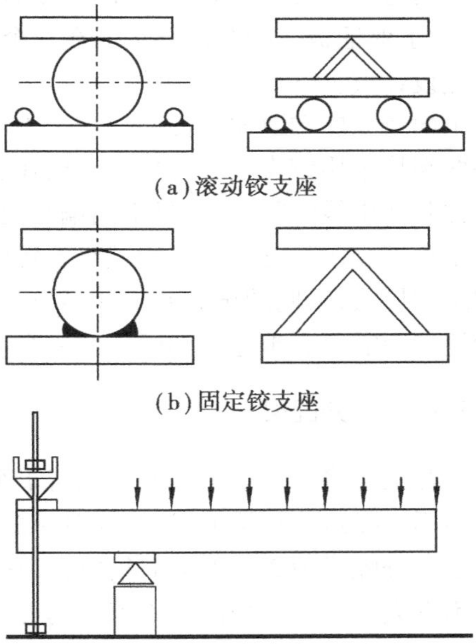

(a)滚动铰支座

(b)固定铰支座

(c)嵌固端支座

图 3.18　铰支座的形式和构造

①必须保证结构在支座处能自由转动和结构在支座处能正确地传递力。如果结构在支承处没有预埋支承钢垫板,则在试验时必须另加垫板。其宽度一般不得小于试件支承处的宽度,支承垫板的长度 l 可按下式进行计算,即

$$l = \frac{R}{bf_c}$$

式中　R——支座反力,N;

b——构件支座宽度,mm;

f_c——结构试件材料的抗压强度设计值,计算单位,N/mm^2。

②铰支座处的上下垫板要有一定刚度。垫板厚度 d 可按下式计算,即

$$d = \sqrt{\frac{2f_c a^2}{f}}$$

式中　f_c——混凝土抗压强度设计值,N/mm^2;

f——垫板钢材的强度设计值,N/mm^2;

a——滚轴中心至垫板边缘的距离,mm。

③滚轴强度的要求。滚轴的直径,可参照表 3.1 选用,并按下式进行强度验算,即

$$\sigma = 0.418\sqrt{\frac{RE}{rb}}$$

式中 E——滚轴材料的弹性模量，N/mm^2；

r——滚轴半径，mm。

表 3.1 滚轴直径选用表

滚轴受力/$(kN \cdot mm^{-1})$	<2	2~4	4~6
滚轴直径 d/mm	40~60	60~80	80~100

④滚轴的长度。滚轴的长度一般取等于试件支承处截面宽度 b。

对于梁、桁架等平面结构，通常按结构变形情况可选用如图 3.18 所示的一种固定铰支座及一种活动铰支座组成。对于板、壳结构，则按其实际支承情况选用各种铰支座进行组合，常常是四角支承或四边支承，既可以选用滚球铰支座，也可以选用滚轴铰支座。

沿周边支承时，滚球支座的间距不宜超过支座处的结构高度的 3~5 倍，滚珠直径至少 30 mm。为了保证板壳的全部支承面在一个平面内，防止某些支承处脱空，影响试验结果，应将各支承点设计成上下可作微调的支座。

单向铰支座和双向铰支座适合于为了求得纵向弯曲系数试验值的柱或墙板试验，试验时构件两端均采用铰支座。当柱或墙板在进行偏心受压试验时，可以通过调节螺丝来调整刀口与试件几何中线的距离，满足不同偏心矩的要求。

结构试验用的支座是结构试验装置中模拟结构受力和边界条件的重要组成部分，对于不同的结构形式，不同的试验要求，就要求有不同形式与构造的支座与之相适应，这也是在结构试验设计中需要着重考虑和研究的一个重要问题。

3.10.2 分配梁

分配梁是将一个集中力分解成若干个小的集中力的装置。为了传力准确以及计算方便，分配梁不用多跨连续梁形式，均为单跨简支形式。单跨简支分配梁一般为等比例分配，即将 1 个集中力分配成为 2 个 1:1 的集中力，它们的数值是分配梁的两个支座反力。分配梁的层次一般不宜大于 3 层。如需要不等比例分配时，比例不宜大于 1:4，并且须将荷载分配比例大的一端设置在靠近固定支座的一端，以保证荷载的正确分配、传递和试验的安全。分配梁自身必须满足强度和刚度的试验要求。竖向荷载分配梁设置如图 3.19 所示。

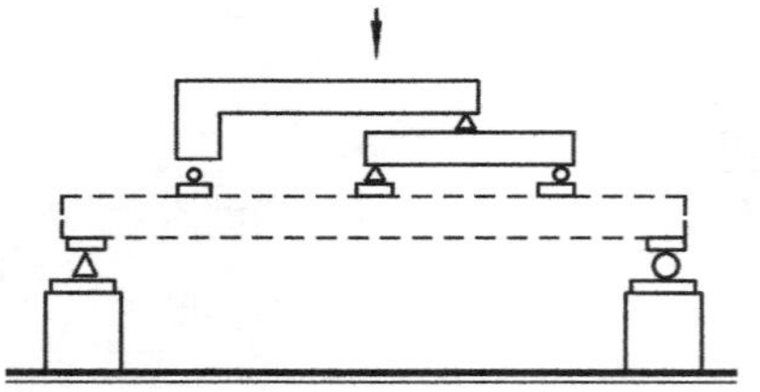

(a)正确的设置形式

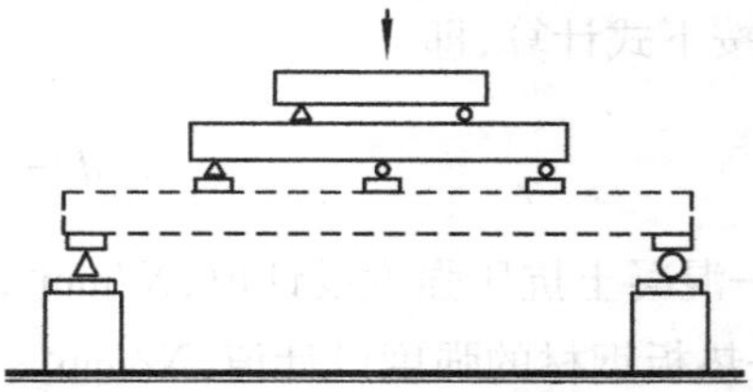

(b)错误的设置形式

图 3.19 分配梁设置示意图

当试验需要施加若干个水平荷载时，分配梁是可选方案之一。由于施加水平荷载的分配梁是竖向放置的，所以需要专门设计分配梁支撑架，并使分配梁的位置和高度能够调节，以保证荷载的传递路线明确，荷载分配正确。图3.20所示为高层建筑结构模型在侧向风荷载作用下的试验荷载装置。

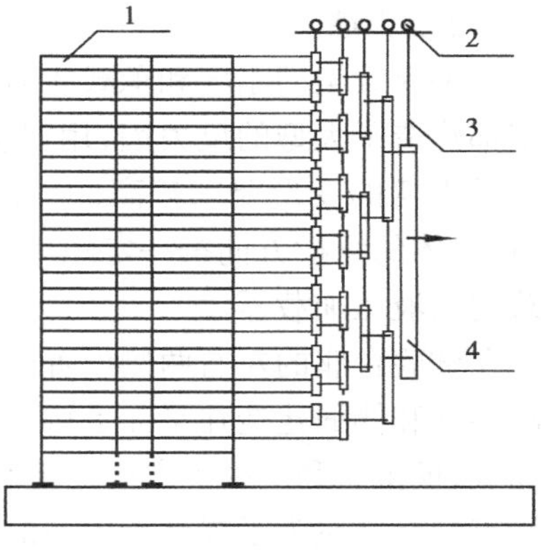

图3.20　竖向分配梁示意图
1—试验模型；2—支撑架；
3—调节系统；4—分配梁

3.10.3　荷载架

(1)竖向荷载架

竖向荷载架是施加竖向荷载的反力设备，主要由立柱、横梁以及地脚螺栓组成。竖向荷载架都用钢材制成，其特点是制作简单、取材方便，可按钢结构的柱与横梁设计，组成"Ⅱ"型支架。横梁与柱的连接采用精制螺栓或圆销，如图3.21(a)所示，这类支承机构的强度刚度都较大，能满足大型结构构件试验的要求，支架的高度和承载能力可按试验需要设计，成为试验室内固定在大型试验台座上的荷载支承设备。

(2)水平荷载架

为了适应结构抗震试验研究的要求，进行结构抗震的静力和动力试验时，需要给结构或模型施加模拟地震荷载的低周反复水平荷载。水平荷载架是施加水平荷载的反力设备，主要由三角架、压梁以及地脚螺栓组成。水平荷载架也用钢材制成，压梁把三角架用地脚螺栓固定在地面试验台座上，靠摩擦力传递水平力，如图3.21(b)所示。

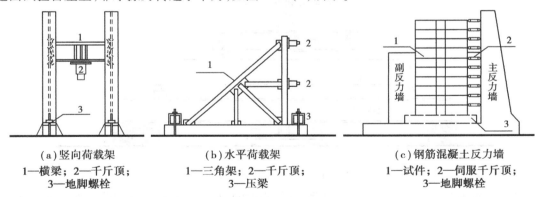

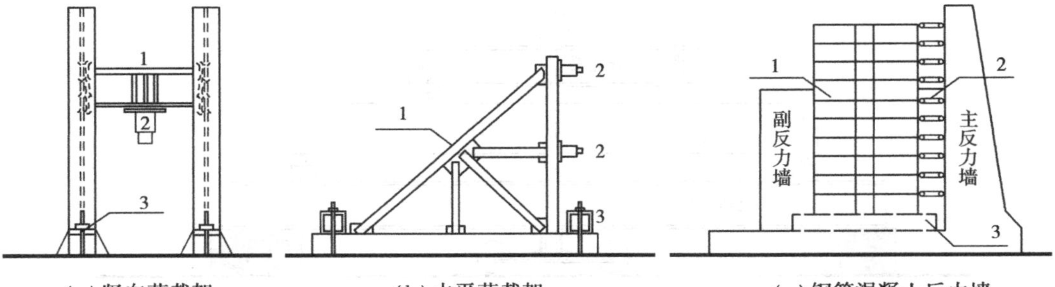

(a)竖向荷载架
1—横梁；2—千斤顶；
3—地脚螺栓

(b)水平荷载架
1—三角架；2—千斤顶；
3—压梁

(c)钢筋混凝土反力墙
1—试件；2—伺服千斤顶；
3—地脚螺栓

图3.21　荷载架示意图

为了使这类支承机构随着试验需要在试验台座上移位，最近有单位设计了新型的加荷架，它的特点是有一套电力驱动机使"Ⅱ"型或三角形支架接受控制能前后运行，"Ⅱ"型支架的横梁可上下移动升降，液压加载器可连接在横梁上，这样整个加荷架就相当于一台移动式的结构试验机，当试件在台座上安装就位后，加荷架即可按试件位置需要调整位置，然后用立柱上的地脚螺丝固定机架，即可进行试验加载，这种新型加荷支架的制成和应用，大大减轻了试验安装与调整的工作量。

(3)反力墙

水平荷载架的刚度和承载能力较小,为了满足试验要求的需要,近年来国内外大型结构试验室都建造了大型的反力墙,用以承受和抵抗水平荷载所产生的反作用力,如图 3. 21(c)所示。反力墙的变形要求较高,一般采用钢筋混凝土、预应力钢筋混凝土的实体结构或箱型结构,在墙体的纵横方向按一定距离间隔布置锚孔,以便按试验需要在不同的位置上固定为水平加载用的液压加载器。

在试验台座的左右两侧设置两座反力墙,可以在试件的两侧对称施加荷载,也可在试验台座的端部和侧面建造在平面上构成直角的主、副反力墙,这样可以在 x 和 y 两个方向同时对试件加载,模拟 x 和 y 两个方向的地震荷载。

有的试验室为了提高反力墙的承载能力,将试验台座建在低于地面一定深度的深坑内,这样在坑壁四周的任意面上的任意部位均可对结构施加水平推力。

3. 10. 4 结构试验台座

(1)抗弯大梁式台座和空间桁架式台座

在预制构件厂和小型结构试验室中,由于缺少大型的试验台座,可以采用抗弯大梁式或空间桁架式台座来满足中小型构件试验或混凝土制品检验的要求。

抗弯大梁台座本身是一刚度极大的钢梁或钢筋混凝土大梁,其构造如图 3. 22 所示,当用液压加载器加载时,所产生的反作用力通过Ⅱ型加荷架传至大梁,试验结构的支座反力也由台座大梁承受,使之保持平衡。

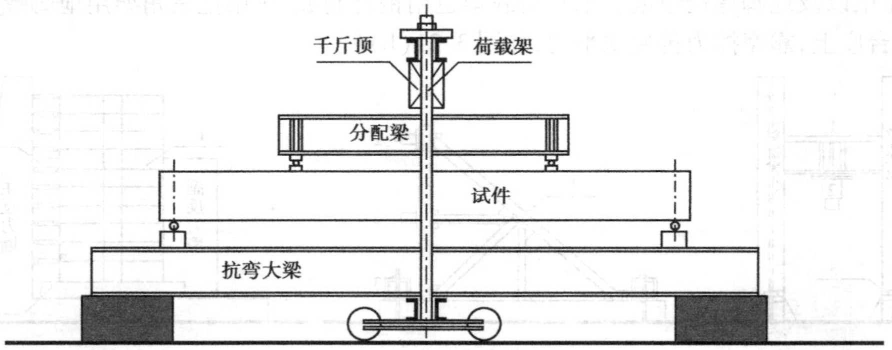

图 3. 22 抗弯大梁台座的荷载试验装置

抗弯大梁台座由于受大梁本身抗弯强度与刚度的限制,一般只能试验跨度在 7 m 以下,宽度在 1. 2 m 以下的板和梁。

空间桁架台座一般用以试验中等跨度的桁架及屋面大梁。通过液压加载器及分配梁可对试件进行为数不多的集中荷载加荷使用,液压加载器的反作用力由空间桁架自身进行平衡,如图 3. 23 所示。

(2)地面试验台座

在试验室内地面试验台座是永久性的固定设备,用以平衡施加在试验结构物上的荷载所产生的竖向反力或水平反力。

试验台座的长度可达十几米,宽度也可到达十余米,台座的承载能力一般在 200 ~ 1 000

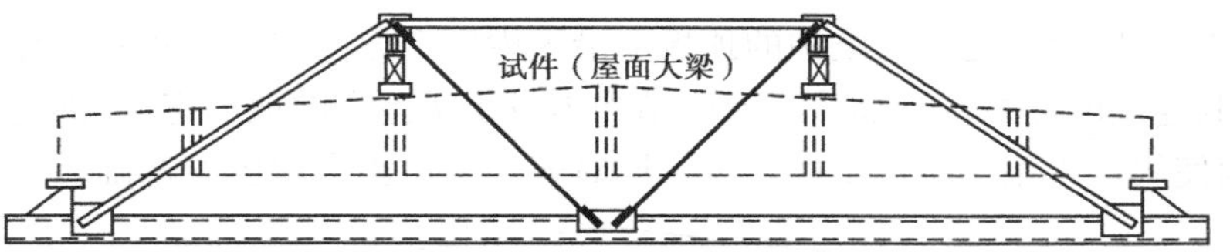

图 3.23　空间桁架式台座

kN/m^2。台座的刚度极大，所以受力后变形极小，能在台面上同时进行几个结构试验，而不考虑相互的影响，试验可沿台座的纵向或横向进行。

台座设计时在其纵向和横向均应按各种试验组合可能产生的最不利受力情况进行验算与配筋，以保证它有足够的强度和整体刚度。用于动力试验的台座还应有足够的质量和耐疲劳强度，防止引起共振和疲劳破坏，尤其要注意局部预埋件和焊缝的疲劳破坏。如果试验室内同时有静力和动力台座，则动力台座必须有隔振措施，以免试验时引起相互干扰。

地面试验台座有板式和箱式之分。

1）板式试验台座

通常把结构为整体的钢筋混凝土或预应力钢筋混凝土的厚板，由结构的自重和刚度来平衡结构试验时施加的荷载的试验台座称为板式试验台座。按荷载支承装置与台座连接固定的方式与构造形式的不同，可分为槽式和预埋螺栓式两种形式。

槽式试验台座是目前用得较多的一种比较典型的静力试验台座，其构造特点是沿台座纵向全长布置几条槽轨，该槽轨是用型钢制成的纵向框架式结构，埋置在台座的混凝土内，如图 3.24(a)所示。槽轨的作用是锚固加载架，以平衡结构物上的荷载所产生的反力。如果加载架立柱用圆钢制成，可直接用两个螺帽固定于槽内，如加载架立柱由型钢制成，则在其底部设计成钢结构柱脚的构造，用地脚螺栓固定在槽内。在试验加载时，要求槽轨的构造应该和台座的混凝土部分有很好的联系，不致拔出。这种台座的特点是加载点位置可沿台座的纵向任意变动，不受限制，以适应试验结构加载位置的需要。

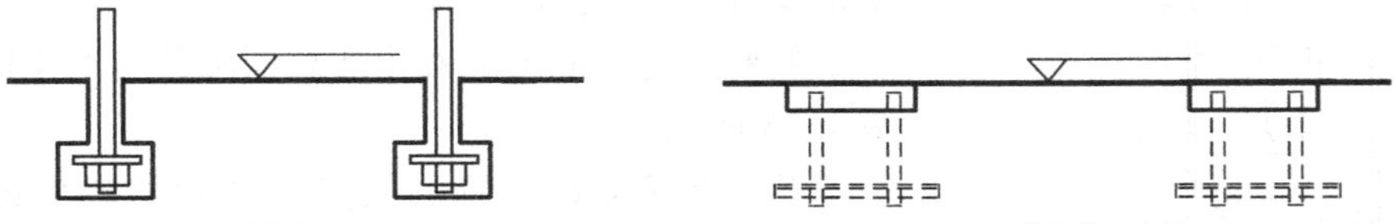

(a)槽式　　(b)地脚螺丝式

图 3.24　两种板式试验台

地脚螺丝式试验台座的特点是在台面上每隔一定间距设置一个地脚螺丝，螺丝下端锚固在台座内，其顶端伸出于台座表面特制的圆形孔穴内，但略低于台座表面标高，使用时通过用套筒螺母与荷载架的立柱连接，平时可用圆形盖板将孔穴盖住，保护螺丝端部及防止脏物落入孔穴。其缺点是螺丝受损后修理困难，此外由于螺丝和孔穴位置已经固定，试件安装就位的位置受到限制。

图 3.24(b)所示为地脚螺丝式试验台座的示意图。这类试验台座不仅用于静力试验，同时可以安装结构疲劳试验机进行结构构件的动力疲劳试验。

2)箱式试验台座

箱式试验台座的规模较大,由于台座本身构成箱形结构,所以它比其他形式的台座具有更大刚度,如图3.25所示。在箱形结构的顶板上沿纵横两个方向按一定间距留有竖向贯穿的孔洞,便于沿孔洞连线的任意位置加载。台座结构本身是实验室的地下室,可供进行长期荷载试验或特种试验使用。大型的箱形试验台座可同时兼作为试验室房屋的基础。

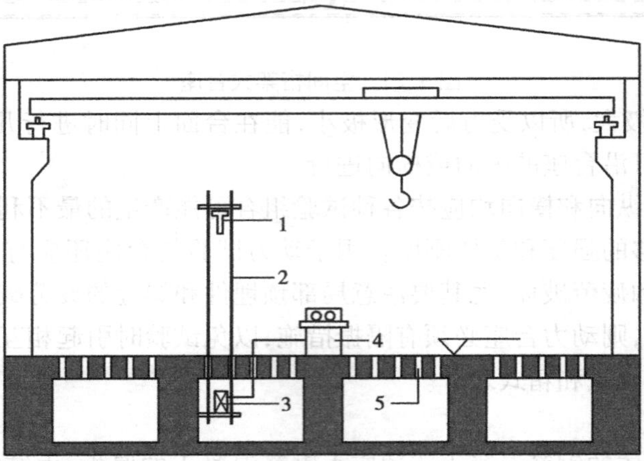

图3.25 箱式试验台座示意图

1—试件;2—荷载架;3—千斤顶;4—液压操作台;5—台座孔

3.10.5 现场试验的荷载装置

由于受到施工运输条件的限制,对于一些跨度较大的屋架,吨位较重的吊车梁等构件,经常要求在施工现场解决试验问题,为此试验工作人员就必须要考虑适于现场试验的加载装置。从实践证明,现场试验装置的主要矛盾是液压加载器加载所产生的反力如何平衡的问题,也就是要设计一个能够代替静力试验台座的荷载平衡装置。

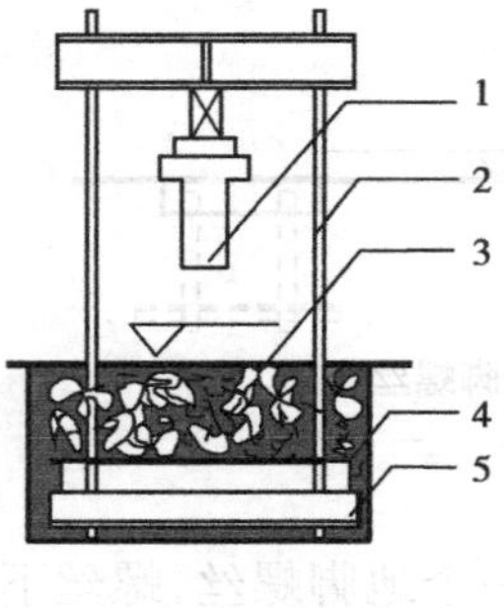

图3.26 现场试验加荷方案图

1—试件;2—荷载架;3—平衡重;
4—铺板;5—横梁

在工地现场广泛采用的是平衡重式的加载装置,其工作原理与实验室内固定在地面上的试验台座一样,即利用平衡重来承受与平衡由液压加载器加载所产生的反力,如图3.26所示。

平衡重式加载装置的缺点是要耗费较大的劳动量。目前有的单位采用打桩或用爆扩桩的方法作为地锚,也有的利用厂房基础下原有桩头作锚固,也有利用已建的桩基和在桩基承台上浇捣的钢筋混凝土大梁作为试验加载时的荷载平衡装置。

当现场缺乏上述加载装置时,通常采用一对构件对称的试验方法或称为背靠背试验方法,即把一根构件作为另一根构件的台座或平衡装置使用。这种方法常在重型吊车梁试验中使用。

成对构件卧位试验中所用箍架,实际上就是一个封闭的荷载架,一般常用型钢作为横梁,用圆钢作为拉杆较为方便,对于荷载较大时,拉杆以型钢制作为宜。

习　题

3.1　加载系统应满足哪些基本要求?

3.2　用长 24 cm 宽 12 cm 的砖(25 N)给双向跨度均为 626 cm 的矩形钢筋混凝土楼板加均布荷载,试作区格划分;放置 10 层砖所加的均布荷载是多少?(长、宽 96 cm;间隔 10 cm;0.007 3 MPa)

3.3　电液伺服程控结构试验系统由哪几个主要部分组成?其自控系统的工作原理是怎样的?

3.4　在图 3.4(b)所示的牵引起重加载布置方式中,若滑轮组的机械效率为 0.9,滑轮摩擦系数为 0.96,测力计读数为 1 000 N,拉索与地面的夹角 30°,问此时结构所受水平方向的拉力有多大?(1 496 N)

3.5　在图 3.8(a)所示的加载示意图中,为了对结构施加 5 250 N 的突卸荷载,试确定极限强度为 380 MPa 的受拉钢棒的直径。(4.2 mm)

第 4 章 建筑结构试验测试技术

4.1 概　述

在结构试验中，试件作为一个系统，所受到的作用（如力、位移、温度等）是系统的输入数据，试件的反应（如位移、速度、加速度、应力、应变、裂缝等）是系统的输出数据，通过对这些数据的测量、记录和处理分析，可以得到试件系统的特性。数据采集就是用各种方法，对这些数据进行测量和记录。

数据采集得到的数据，是数据处理的原始资料；数据采集是结构试验的重要步骤，是结构试验成功的必要条件之一。只有采集到可靠的数据，才能通过数据处理得到正确的试验结果，达到试验的预期目的。为采集到准确、可靠的数据，应该采用正确的采集方法，选用可靠的仪器设备。

在实际试验时，数据采集方法应该根据试验目的和要求以及仪器仪表的实际条件来确定，应该按照用最经济合理的代价来获取最多的有用数据的原则来确定。

4.1.1　仪器设备的分类

在结构试验中，用于数据采集的仪器仪表种类繁多，按它们的功能和使用情况可以分为：传感器、放大器、显示器、记录器、分析仪器、数据采集仪，或一个完整的数据采集系统等。仪器仪表还可以分为单件式和集成式，单件式仪器是指一个仪器只具有一个单一的功能，集成式仪器是指那些把多种功能集中在一起的仪器。

在各个种类的仪器中，传感器的功能主要是感受各种物理量（力、位移、应变等），并把它们转换成电量（电信号）或其他容易处理的信号；放大器的功能是把从传感器得到的信号进行放大，使信号可以被显示和记录；显示器的功能是把信号用可见的形式显示出来；记录器是把采集得到的数据记录下来，作长期保存；分析仪器的功能是对采集得到的数据进行分析处理；数据采集仪用于自动扫描和采集，是数据采集系统的执行机构；数据采集系统是一种集成式仪器，它包括传感器、数据采集仪和计算机或其他记录器、显示器等，它可用来进行自动扫描、采集，还能进行数据处理等。

仪器仪表还可以按以下方法分类：

①按仪器仪表的工作原理可分为：机械式仪器；电测仪器；光学测量仪器；复合式仪器；伺服式仪器——带有控制功能的仪器。

②按仪器仪表的用途可分为：测力传感器；位移传感器；应变计；倾角传感器；频率计；测振传感器。

③按仪器仪表与结构的关系可分为：附着式与手持式；接触式与非接触式；绝对式与相对式。

④按仪器仪表显示与记录的方式分为：直读式与自动记录式；模拟式和数字式。

4.1.2　试验仪器仪表的主要技术性能指标

①刻度值　仪器仪表的刻度值也称仪器的最小分度值，是指示或显示装置所能指示的最小测量值，即每一最小刻度所表示的测量数值。

②量程　仪器仪表可以测量的最大范围。

③灵敏度　被测量的单位物理量所引起仪器输出或显示值的大小，即仪器仪表对被测物理量变化的反应能力或反应速度。

④分辨率　仪器仪表测量被测物理量最小变化值的能力。

⑤线性度　仪器仪表使用时的校准曲线与理论拟合直线的接近程度，可用校准曲线与拟合直线的最大偏差作为评定指标，并用最大偏差与满量程输出的百分比来表示。

⑥稳定性　指量测数值不变，仪器在规定时间内保持示值与特性参数也不变的能力。

⑦重复性　在同一工作条件下，用同一台仪器对同一观测对象进行多次重复测量，其测量结果保持一致的能力。

⑧频率响应　动测仪器仪表输出信号的幅值和相位随输入信号的频率而变化的特性。常用幅频和相频特性曲线来表示，分别说明仪器输出信号与输入信号间的幅值比和相位角偏差与输入信号频率的关系。

4.1.3　结构试验对仪器设备的使用要求

①测量仪器不应该影响结构的工作，要求仪器自重轻、尺寸小，尤其是对模型结构试验，还要考虑仪器的附加质量和仪器对结构的作用力。

②测量仪器具有合适的灵敏度和量程。

③安装使用方便，稳定性和重复性好。

④价廉耐用，可重复使用，安全可靠，维修容易。

⑤在达到上述要求条件下，尽量要求多功能，多用途，以适应多方面的需要。

4.2　电阻应变片

在结构试验中，电阻应变片是专门用来测量试件应变的特殊电阻丝。另外，还可以用电阻应变片作为转换元件，组成电阻应变式传感器，来测量各种物理量的变化。

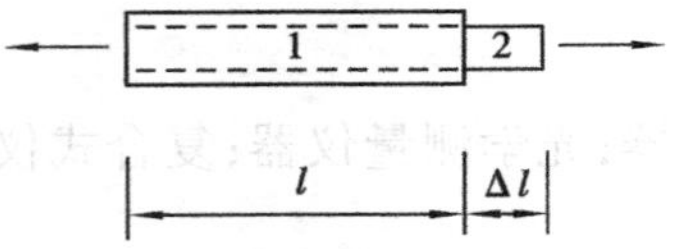

图 4.1　金属丝的电阻应变原理

1—受力前的金属丝;2—受力后的金属丝

4.2.1　电阻应变片的工作原理

电阻应变片的工作原理是利用金属导体的"应变电阻效应",即金属丝的电阻值随其机械变形而变化的物理特性,如图 4.1 所示。根据欧姆定律,即

$$R = \rho \cdot \frac{l}{A} \tag{4.1}$$

式中　R——金属丝的原始电阻值,Ω;

ρ——金属丝的电阻率,$\Omega \cdot mm^2/m$;

l——金属丝的长度,m;

A——金属丝的截面积,mm^2。

当金属丝受力而变形时,其长度、截面面积和电阻率都将发生变化,其电阻变化规律可由对上式两边取对数,然后微分可得

$$\frac{dR}{R} = \frac{d\rho}{\rho} + \frac{dl}{l} - \frac{dA}{A} \tag{4.2}$$

式中　$\frac{dl}{l}, \frac{dA}{A}, \frac{d\rho}{\rho}$——金属丝长度、截面面积和电阻率的相对变化;

$\frac{dl}{l}$——应变 ε。

根据材料的变形特点,可得$\frac{dA}{A} = -2v\frac{dl}{l} = 2v\varepsilon$,则式(4.2)可写为

$$\frac{dR}{R} = (1 + 2v)\varepsilon + \frac{d\rho}{\rho} \text{或} \frac{1}{\varepsilon} \cdot \frac{dR}{R} = 1 + 2v + \frac{1}{\varepsilon} \cdot \frac{d\rho}{\rho}$$

若令 $K = 1 + 2v + \frac{1}{\varepsilon} \cdot \frac{d\rho}{\rho}$,于是有

$$\frac{dR}{R} = K \cdot \varepsilon \tag{4.3}$$

式中　K——金属丝的灵敏系数,表示单位应变引起的相对电阻变化;灵敏系数越大,单位应变引起的电阻变化也越大。

式(4.3)特点分析:

①对于给定的金属丝在长度改变量较小时,K 趋近于一常量,金属丝的应变量与其电阻变化量成正比;

②当金属丝的电阻变化量能够确定时,K 与 ε 成反比关系,即

$$K_{仪} \cdot \varepsilon_{仪} = K_{片} \cdot \varepsilon_{片}$$

利用上式可以求得金属丝的灵敏系数。

4.2.2　电阻应变片的构造

电阻应变片的构造如图 4.2 所示,在纸或薄胶膜等基底与覆盖层之间粘贴的金属丝称电阻栅(也称合金敏感栅),电阻栅的两端焊上引出线。在图 4.2 中,l 为栅长(又称标距),b 为栅宽,l、b 是应变片的重要技术尺寸。

电阻应变片的主要技术指标如下;

①电阻值 $R(\Omega)$　由于应变仪的电阻值一般按 120 Ω 设计,所以应变片的电阻值一般也为120 Ω。但也有例外,选用时,应考虑与应变仪配合。

②标距 l　标距即敏感栅的有效长度。用应变片测得的应变值是整个标距范围内的平均应变,测量时应根据试件测点处应变梯度的大小来选择应变计的标距。

③灵敏系数 K　K 表示单位应变引起应变片的电阻变化。应使应变片的灵敏系数与应变仪的灵敏系数设置相协调,如不一致时,应对测量结果进行修正。

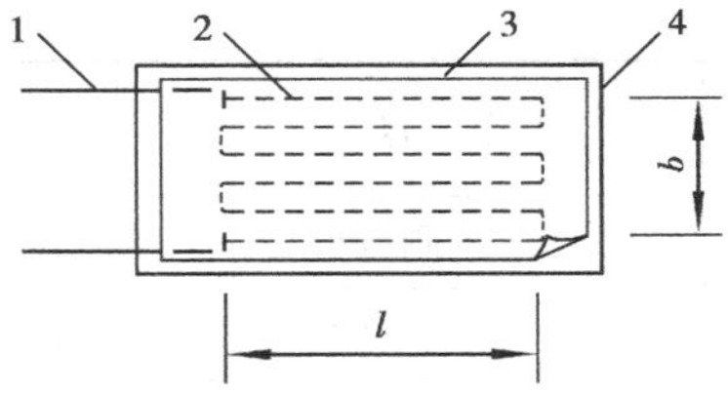

图 4.2　电阻应变片构造示意图
1—引出线;2—电阻线;
3—覆盖层;4—基底层

4.2.3　电阻应变片的种类和粘贴方法

电阻应变片的种类很多,按敏感栅的种类划分,有箔式、丝绕式、半导体等;按基底材料划分,有纸基、胶基等;按使用极限温度划分,有低温、常温、高温等。

箔式应变片是在薄的胶膜基底上镀合金薄膜,然后通过光刻技术制成,具有绝缘度高,耐疲劳性能好,横向效应小等特点,但价格较高。

丝绕式应变片多为纸基,虽有防潮性能,耐疲劳性能稍差,横向效应较大等缺点,但价格较低,且易粘贴,可用于一般的静力试验。图 4.3 所示为几种应变片的形式。

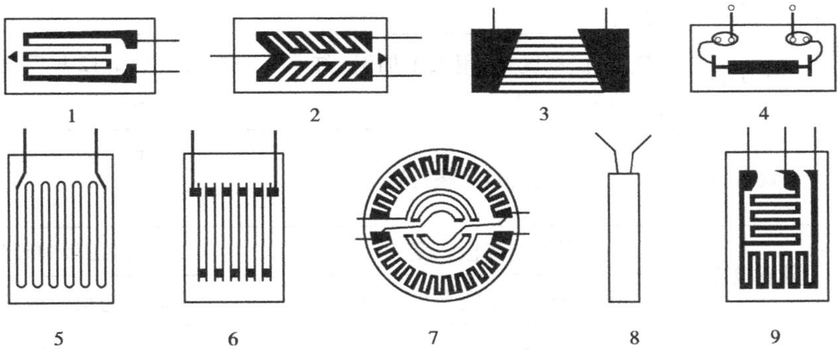

图 4.3　几种电阻应变片
1,2,3,7,9—箔式电阻应变片;4—半导体应变片;
5—丝绕式电阻应变片;6—短接式电阻应变片;8—焊接电阻应变片

应变片的粘贴方法、步骤等技术要求见表 4.1。

表 4.1　应变片的粘贴方法、步骤等技术要求

序号	工作内容		方　法	要　求
1	应变片的检查分选	外观检查	借助放大镜肉眼检查	应变片无气泡、霉斑、锈点,栅极应平直、整齐、均匀
		阻值检查	用单臂电桥测量电阻值并分组	同一测区应使用阻值基本一致的应变片,相对误差应小于 0.5%

续表

序号	工作内容		方　法	要　求
2	测点处理	测点检查	检查测点处表面状况	测点应平整、无缺陷、无浮浆等
		打磨	用1#砂布或磨光机打磨	表面达$\overset{3.2}{\bigtriangledown}$，平整无锈，断面不减小
		清洗	用棉花蘸丙酮或酒精清洗	棉花干擦时无污染
		打底	914环氧树脂 A 组 : B 组 = 5 : 1（体积比）	厚0.08 mm左右，硬化后用0#砂布磨平
		划线定位	用铅笔等在测点上划出纵横中心线	纵线应与应变（应力）方向一致
3	片的粘贴	上胶	用镊子夹应变片引出线，背面涂胶，测点上也涂胶，将片对准放正	测点十字中心线与应变片上的标志应对准
		挤压	在应变片上盖一小片塑料纸，用手指沿一个方向滚压，挤出多余胶水	胶层应尽量薄，并注意应变片位置不滑动
		加压	快干胶粘贴，用手指轻压1～2 min，其他胶则需用适当的方法加压1～2 h	胶层应尽量薄，并注意应变片位置不滑动
4	固化处理	自然干燥	温度15 ℃以上，湿度60%以下1～2天	胶强度达到要求
		人工固化	气温低、湿度大，用人工加温（红外线灯照射或电吹风）	应在自然干燥12 h后，加热温度不超过50 ℃，受热应变片位置不滑动
5	粘贴质量检查	外观检查	借助放大镜肉眼检查	应变片应无气泡、粘贴牢固、方位准确无短路和断路
		阻值检查	用万用电表检应变片	无短路和断路
			用单臂电桥量应变片阻值	电阻值应与粘贴前基本相同
		绝缘度检查	用兆欧表检查应变片与试件绝缘度	一般量测应在50 MΩ以上，恶劣环境或长期量测应大于500 MΩ
			或接入应变仪观察零点漂移	不大于2 με/15 min
6	导线连接	引出线绝缘	应变计引出线低下贴胶布或胶纸	保证引出线不与试件形成短路
		固定点设置	用胶固定端子或用胶布固定电线	保证电线轻微拉动时，引出线不断
		导线焊接	用电烙铁把引出线与导线焊接	焊点应圆滑、丰满、无虚焊等
7	防潮防护		根据环境条件，贴片检查合格接线后，加防潮、防护处理，防护一般用胶类防潮剂浇注或加布带绑扎	防潮剂必须敷盖整个应变片并稍大5 mm左右； 防护应能防机械损坏

4.3 应变测量

结构试验中,经常需要测量试件的应变,常用的应变测量传感器有电阻应变、手持应变仪等,还可以用光测法(云纹法、激光衍射法、光弹法)等。

4.3.1 电阻应变仪测量应变

(1)应变仪工作原理

电阻应变片可以把试件的应变量转换成电阻变化,但是,在一般情况下试件的应变量较小,由此引起的电阻变化也非常微弱,难以进行直接测量。

采用惠斯登电桥(以下简称桥路),能够把电阻变化信号转换为电压或电流的变化信号,并使信号得以放大,桥路还可以解决测量值的温度补偿问题。所以,桥路是试验工作中比较理想的测试形式。如图4.4所示,图中 R_1,R_2,R_3,R_4 依次表示桥路电阻(或桥臂电阻),V_i,V_o 分别表示桥路的输入电压和输出电压。

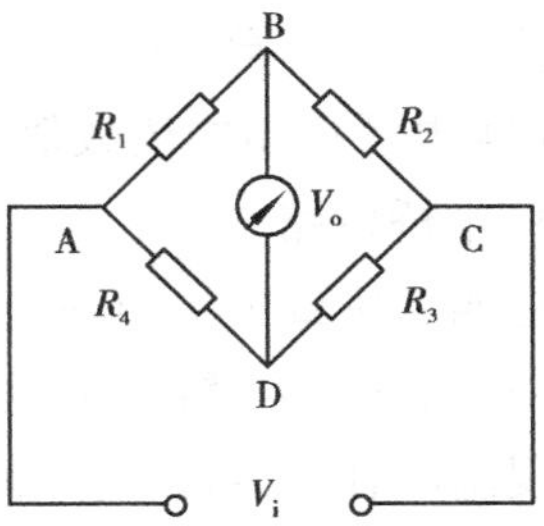

图4.4 惠斯登电桥的桥路图

应变仪就是根据桥路原理构成的测试系统,根据基尔霍夫定律,可以得到桥路输出电压 V_o 与输入电压 V_i 的关系,即

$$V_o = V_i \cdot \frac{R_1R_3 - R_2R_4}{(R_1 + R_2)(R_3 + R_4)} \tag{4.4}$$

假定,桥路四臂所接的电阻应变片的电阻阻值全部发生变化,其变化值分别表示为 ΔR_1,ΔR_2,ΔR_3,ΔR_4,则桥路输出电压(或电流)增量为

$$\Delta V_o = \frac{R_1R_2}{(R_1 + R_2)^2}\left(\frac{\Delta R_1}{R_1} - \frac{\Delta R_2}{R_2} + \frac{\Delta R_3}{R_3} - \frac{\Delta R_4}{R_4}\right)V_i \tag{4.5}$$

若4个应变计品种、规格相同,即 $R_1 = R_2 = R_3 = R_4 = R$,$K_1 = K_2 = K_3 = K_4 = K$ 将参量代入式(4.5)并应用式(4.3),则有

$$\begin{aligned}\Delta V_o &= \frac{V_i}{4}\left(\frac{\Delta R_1}{R} - \frac{\Delta R_2}{R} + \frac{\Delta R_3}{R} - \frac{\Delta R_4}{R}\right) \\ &= \frac{V_i}{4}K(\varepsilon_1 - \varepsilon_2 + \varepsilon_3 - \varepsilon_4)\end{aligned} \tag{4.6}$$

若采用 $\varepsilon_r = \frac{4\Delta V_o}{KV_i}$ 表示电阻应变片桥路的读数值,则

$$\varepsilon_r = \varepsilon_1 - \varepsilon_2 + \varepsilon_3 - \varepsilon_4 \tag{4.7}$$

从式(4.7)可知,电桥邻臂电阻阻值变化的符号相反,成相减输出;对臂符号相同,成相加输出。所以桥路中电阻阻值变化的组合不同,其构成桥路读数值的特点就不同。

(2)桥路组成的类别

1)等臂桥路

等臂桥路就是指4支桥臂电阻值相等的电桥桥路。这时电桥平衡,输出电压为零,即当$R_1R_3=R_2R_4$时,$V_o=0$,所以$\varepsilon_r=0$。

单臂电桥测量电阻应变片阻值的工作原理就是电桥的平衡原理。

2)1/4电桥桥路

在四支桥臂中,当且仅当有一支桥臂的电阻是外接的电阻应变片,其电阻阻值发生相应变化,而其余桥臂采用无感电阻的桥路称1/4桥路。采用1/4桥路进行测试时,桥路对环境的要求比较严格,特别是温度要求。当环境不能保持恒温,温度存在变化时,测量误差较大。因此,在试验测量中不常应用。

1/4电桥桥路的读数值$\varepsilon_r=\pm\varepsilon_i,(i=1,2,3,4)$。

3)半桥桥路

在四支桥臂中,只有两支相邻桥臂的电阻是外接电阻应变片,其电阻阻值发生相应变化,而另外两支相邻桥臂的电阻是无感电阻的桥路称半桥桥路。采用半桥桥路进行试验测试时,能实现温度补偿,可以有效地克服1/4桥路对环境要求严格、测量误差较大的缺点。因此,半桥桥路在试验测量中被广泛应用。

半桥桥路的读数值$\varepsilon_r=(\varepsilon_1-\varepsilon_2)$或$\varepsilon_r=(\varepsilon_3-\varepsilon_4)$。

4)全桥桥路

在四支桥臂中,桥臂电阻全部(且必须全部)是外接电阻应变片的桥路称为全桥桥路。全桥桥路中没有无感电阻。采用全桥桥路测量的读数值精度高、数据可靠。因此,在各类传感器中多采用全桥测量桥路。

全桥桥路的读数值见公式(4.7)所述。

注意,一个桥路称为一个测点。不论哪一种桥路,也不论其电阻值是否发生变化,必须有四支完整的桥臂,否则不成其为桥路。由一个电阻或两个电阻就能组成测量桥路的观点是不对的。

为了提高测量精度,一支桥臂上可以用串联的方式连接若干个电阻应变片。

(3)桥路读数值构成特点

如图4.4所示,只要电桥接点ABCD的旋转方向、电压输入端的起始点位置确定以后,桥路读数值则为一定值。如以A为电压输入端的起始点,则BD为电压输出端,当ABCD顺时针方向旋转时,桥路读数值则为

$$\varepsilon_r = \varepsilon_{AB} - \varepsilon_{BC} + \varepsilon_{CD} - \varepsilon_{DA} \tag{4.8}$$

当ABCD逆时针方向旋转时,桥路读数值则为

$$\varepsilon_r = \varepsilon_{AD} - \varepsilon_{DC} + \varepsilon_{CB} - \varepsilon_{BA} \tag{4.9}$$

所以,可以这样理解桥路读数值的构成:与电阻的编号方式无关,与桥路接点的命名方式无关,而与电压输入端起始点位置的设计有关,与旋转方向有关。当这两个条件确定以后,沿着旋转方向从起始点出发,遇奇数支为“+”号,遇偶数支为“-”号。这就要求在桥路连接时,必须按接线柱ABCD的顺序进行。

(4)温度补偿技术

粘贴在试件测点上的应变片所反映的应变值,除了试件受力的变形外,通常还包含试件与应变片受温度影响而产生的变形和由于试件材料与应变片的温度线膨胀系数不同而产生的变形等。这种由于"温度效应"所产生的应变称为"视应变",不是荷载效应,结构试验中常采用温度补偿方法加以消除。

按照温度补偿片是否受力,把桥路分为外补和互补两大类。补偿片受力的桥路称为互补桥路,补偿片不受力的桥路称为外补桥路。可见外补桥路中的补偿片是专用应变片,互补桥路中的应变片既是温度补偿片,也是测量试件应变的工作片。因此,应变片上产生的应变既有应力产生的应变 ε_p,也有温度引起的应变 ε_t。

桥路中的温度补偿,就是应用式(4.7)ε_r 的构成特点,只要补偿片和被补偿片温度引起的应变 ε_t 相等,桥路连接正确,即可互相抵消。根据温度补偿技术的要求:

①同一桥路具有相同的温度效应,即 $\varepsilon_{t1}=\varepsilon_{t2}=\varepsilon_{t3}=\varepsilon_{t4}=\varepsilon_t$;

②外补桥路补偿片的荷载效应为零,即 $\varepsilon_p=0$。

根据电桥特性温度补偿技术的要求,桥路的读数值应为

$$\varepsilon_r=(\varepsilon_{p1}+\varepsilon_{t1})-(\varepsilon_{p2}+\varepsilon_{t2})+(\varepsilon_{p3}+\varepsilon_{t3})-(\varepsilon_{p4}+\varepsilon_{t4}) \tag{4.10}$$

下面就对于不同形式桥路的公式(4.10)进行讨论:

①对于1/4电桥桥路(又称单测无补桥路),由公式(4.10)可知,不能进行温度补偿,即桥路读数值中的温度效应不能消除。

②对于半桥外补桥路(又称单测单补桥路),由于 $\varepsilon_{t1}=\varepsilon_{t2}=\varepsilon_t$,而 $\varepsilon_{p2}=0$,所以

$$\varepsilon_r=\varepsilon_{p1}$$

若两片对调,则 $\varepsilon_r=-\varepsilon_{p2}$。

半桥外补桥路的优点:一个补偿片能够进行多测点补偿,试验时所用应变片的数量少,测试成本低。采用单点测量,测点布置灵活。

一片多补的工作原理在于应变仪有一切换旋扭,能够把补偿片连同两个无感电阻一起通过切换方式与工作片相连接组成测试桥路。

③对于半桥互补电桥,由于 $\varepsilon_{t1(3)}=\varepsilon_{t2(4)}=\varepsilon_t$,所以,$\varepsilon_r=\varepsilon_{p1(3)}-\varepsilon_{p2(4)}$。

若两片对调,ε_r 的读数值反号。若反对称布置和粘贴应变片,则 $\varepsilon_{p1(3)}=-\varepsilon_{p2(4)}=\pm\varepsilon_p$,而 $\varepsilon_r=\pm 2\varepsilon_p$,使测量精度提高$\sqrt{2}$倍。若对称布置应变片,则 $\varepsilon_r=0$。

④对于全桥外补电桥,根据电桥特性可知,$\varepsilon_r=\varepsilon_{p1}+\varepsilon_{p3}$或 $\varepsilon_r=-(\varepsilon_{p2}+\varepsilon_{p4})$。与半桥互补电桥正好相反,若对称布置应变片,则 $\varepsilon_r=\pm 2\varepsilon_p$,使测量精度提高$\sqrt{2}$倍。若反对称布置应变片,则 $\varepsilon_r=0$。

⑤对于全桥互补电桥,$\varepsilon_r=\varepsilon_{p1}-\varepsilon_{p2}+\varepsilon_{p3}-\varepsilon_{p4}$,若1,3和2,4应变片反对称布置,则 $\varepsilon_r=\pm 4\varepsilon_p$,使测量精度提高2倍。若对称布置,则 $\varepsilon_r=0$。

(5)桥路的连接技术

应变片桥路连接除可解决温度补偿外,还可达到不同的量测目的,例如不同的桥路可以求不同性质的应力,还能够提高量测精度。表4.2列出的几种常用连接方法,不仅适用在结构

上，基本原理也适用于各种参数量测传感器内的电阻应变片桥路连接。

表 4.2　电阻应变片的布置与桥路的连接方法

序号	受力状态及贴片方法		测试项目	补偿技术	桥路接法		读数值与测试值的关系	桥路的特点
1	轴向力	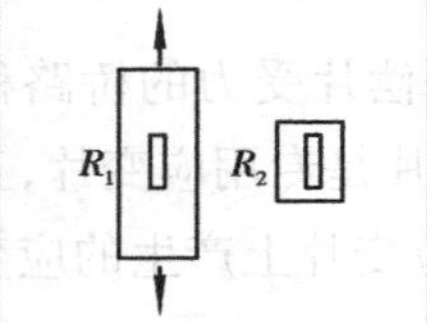	轴力应变	外设补偿片	半桥	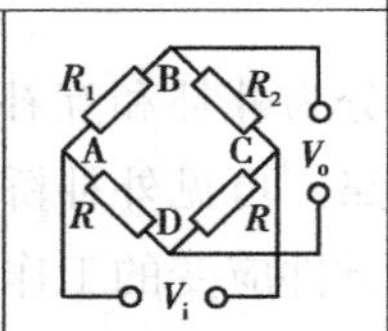	$\varepsilon_r=\varepsilon_1=\varepsilon$	用片较少，不能消除偏心影响，不能提高测量精度
2	轴向力	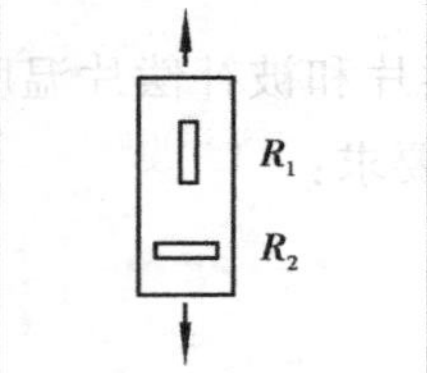	轴力应变	互为补偿片	半桥	同序号 1	$\varepsilon_r=(1+\mu)\varepsilon_1=(1+\mu)\varepsilon$	用片较少，不能消除偏心影响，能提高测量精度 $(1+\mu)^{0.5}$ 倍
3	轴向力	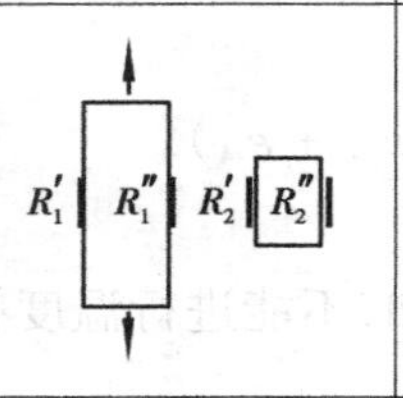	轴力应变	外设补偿片	半桥	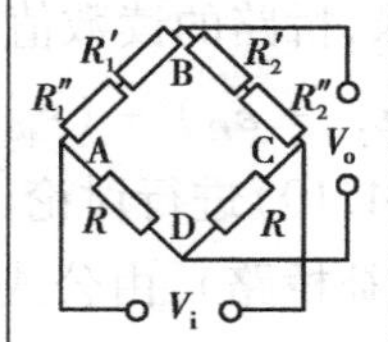	$\varepsilon_r=\dfrac{\varepsilon'_1+\varepsilon''_2}{2}=\varepsilon$	用片较序号 1 和 2 多，能消除偏心影响，能提高测量精度 $\sqrt{2}$ 倍
4	轴向力	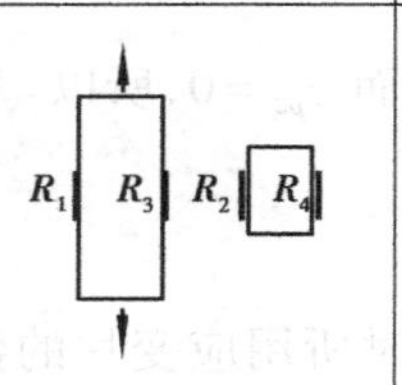	轴力应变	外设补偿片	全桥	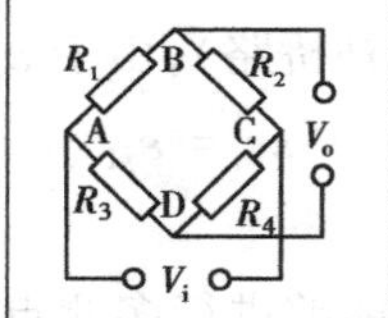	$\varepsilon_r=\varepsilon_1+\varepsilon_2=2\varepsilon$	用片的数量较序号 1 和 2 多，能消除偏心的影响，能提高测量精度 $\sqrt{2}$ 倍
5	轴向力	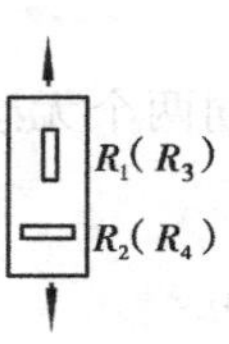	拉压应变	互为补偿片	全桥	同序号 4	$\varepsilon_r=2(1+\mu)\varepsilon_1=2(1+\mu)\varepsilon$	用片的数量最多，能消除偏心影响，能提高测量精度 $[2(1+\mu)]^{0.5}$ 倍
6	环行径向力	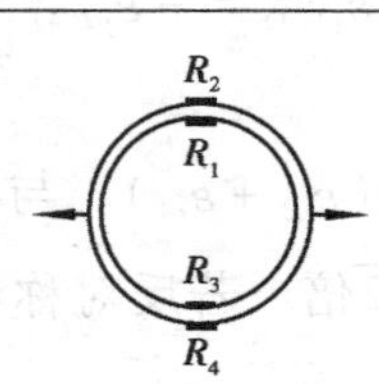	拉压应变	互为补偿片	全桥	同序号 4	$\varepsilon_r=4\varepsilon$	能提高测量精度 2 倍
7	弯曲	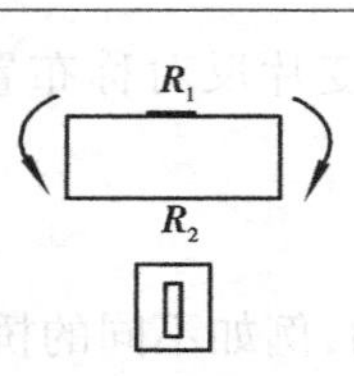	弯曲应变	外设补偿片	半桥	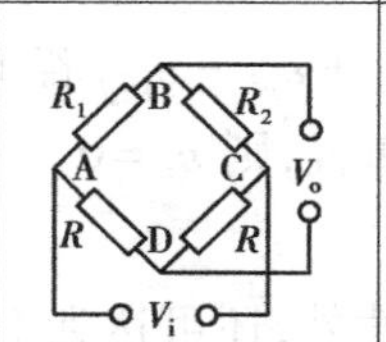	$\varepsilon_r=\varepsilon_1$	用片较少，只能测量一侧弯曲应变，不能提高测量精度

续表

序号	受力状态及贴片方法		测试项目	补偿技术	桥路接法		读数值与测试值的关系	桥路的特点
8	弯曲	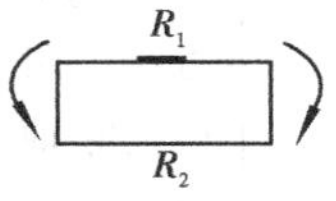	弯曲应变	互为补偿片	半桥	同序号 7	$\varepsilon_r=\varepsilon_1+\varepsilon_2$ $=2\varepsilon$	用片较少，能测量两侧弯曲应变，能够消除轴力影响，提高测量精度$\sqrt{2}$倍
9	悬臂弯曲	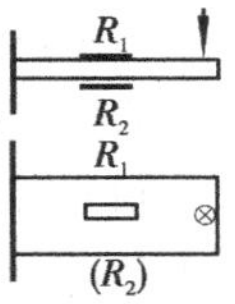	弯曲应变	互为补偿片	半桥	同序号 7	$\varepsilon_r=\varepsilon_1+\varepsilon_2$ $=2\varepsilon$	用片较少，能测量两侧弯曲应变，能够消除轴力影响，提高测量精度$\sqrt{2}$倍
10	悬臂弯曲	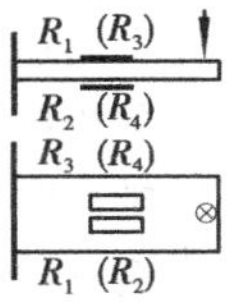	弯曲应变	互为补偿片	全桥	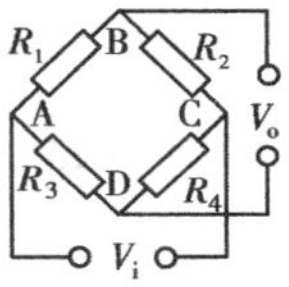	$\varepsilon_r=4\varepsilon$	用片较多，能测量两侧四点弯曲应变，能够较好的消除轴力影响，提高测量精度 2 倍
11	轴力与弯曲	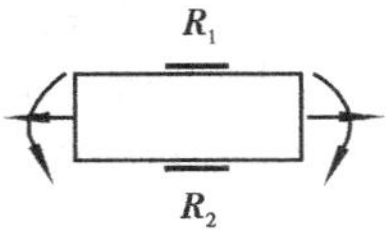	拉压应变	互为补偿片	半桥	同序号 7	$\varepsilon_r=\varepsilon_1+\varepsilon_2$ $=2\varepsilon$	用片较少，能够有效地消除轴力影响，测量两侧的纯弯曲应变，提高测量精度$\sqrt{2}$倍
12	轴力与弯曲	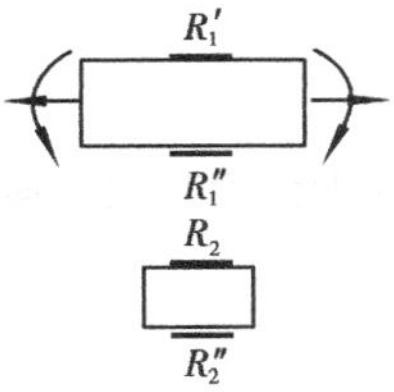	拉压应变	外设补偿片	半桥	同序号 3 （应变片串联）	$\varepsilon_r=\dfrac{\varepsilon'_1+\varepsilon''_2}{2}$ $=\varepsilon$	用片较多，能够有效地消除纯弯曲影响，测量轴力的应变，能提高测量精度$\sqrt{2}$倍
13	悬臂弯曲	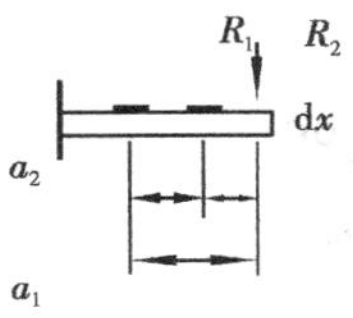	弯曲应变差	互为补偿片	半桥	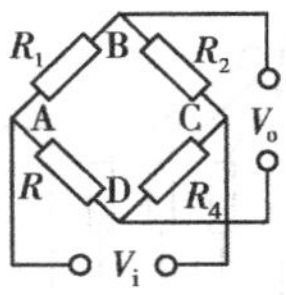	两处弯曲应力差 $\varepsilon_r=\varepsilon_1-\varepsilon_2$	测试剪力专用方法。用片量较少，只能测量一侧弯曲应变，不能提高测量精度
14	悬臂弯曲	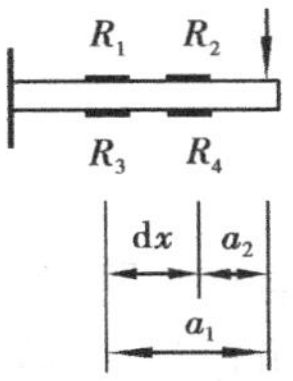	弯曲应变差	互为补偿片	全桥	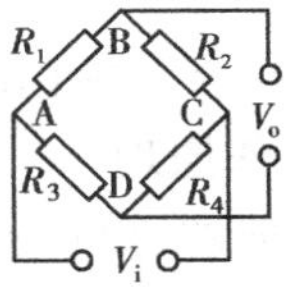	两处弯曲应力差 $\varepsilon_r=2(\varepsilon_1-\varepsilon_2)$ 或 $\varepsilon_r=-2(\varepsilon_3-\varepsilon_4)$	测试剪力专用方法。用片量较多，可测量两侧弯曲应变，提高测量精度$\sqrt{2}$倍

续表

序号	受力状态及贴片方法		测试项目	补偿技术	桥路接法		读数值与测试值的关系	桥路的特点
15	扭转	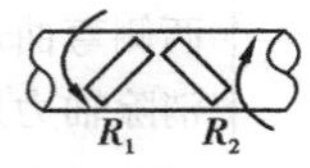	扭转应变	互为补偿片	半桥	同序号 13	$\varepsilon_r = \varepsilon_1 + \varepsilon_2 = 2\varepsilon$	测剪切应力专用方法。用片量较少，能消除轴力影响，提高测量精度$\sqrt{2}$倍
16	轴力与扭转	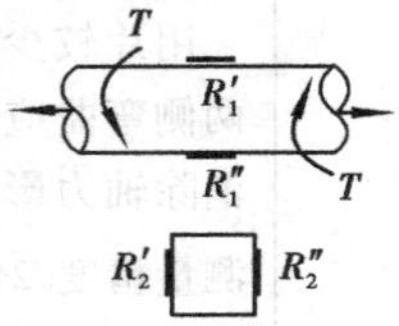	轴力应变	外设补偿片	半桥	同序号 3（应变片串联）	$\varepsilon_r = \frac{\varepsilon'_1 + \varepsilon''_2}{2} = \varepsilon$	用片较多，能够消除扭矩的影响，测量轴力应变，能提高测量精度$\sqrt{2}$倍
17	弯曲与扭转	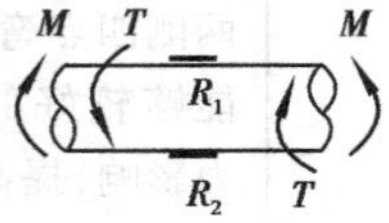	弯曲应变	互为补偿片	半桥	同序号 13	$\varepsilon_r = \varepsilon_1 + \varepsilon_2 = 2\varepsilon$	用片较少，能够消除扭矩的影响，测量纯弯曲应变，能够提高测量精度$\sqrt{2}$倍
18	弯曲与扭转	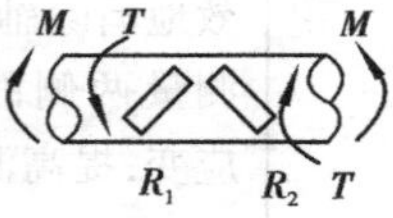	扭转应变	互为补偿片	半桥	同序号 13	$\varepsilon_r = \varepsilon_1 + \varepsilon_2 = 2\varepsilon$	用片较少，能够消除弯曲的影响，测量纯扭转应变，能够提高测量精度$\sqrt{2}$倍

(6)一片多补技术的工作原理

一片多补技术是半桥外补桥路的一大优势，在建筑结构试验测试中经常应用，其工作原理如图 4.5 所示。

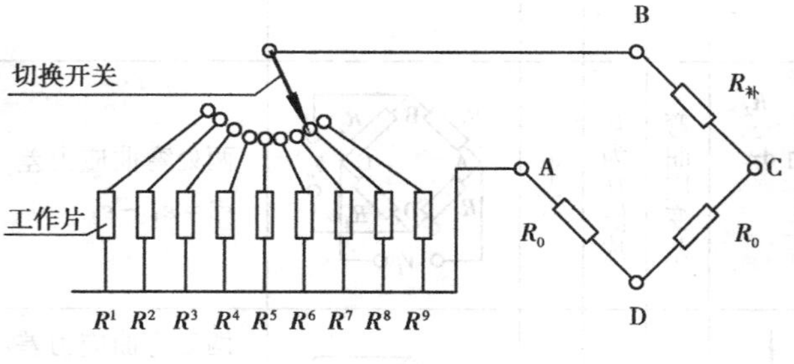

图 4.5　半桥外补一片多补工作原理桥路示意图

(7)应变仪半桥与全桥切换技术的工作原理

一台应变仪既能够进行半桥测试，也能够进行全桥测试。当采用全桥桥路时，则不启用应变仪内部的两个无感电阻，当采用半桥桥路时，则必须启用应变仪内部的两个无感电阻。应变仪半桥与全桥切换技术的工作原理如图4.6和图4.7所示。

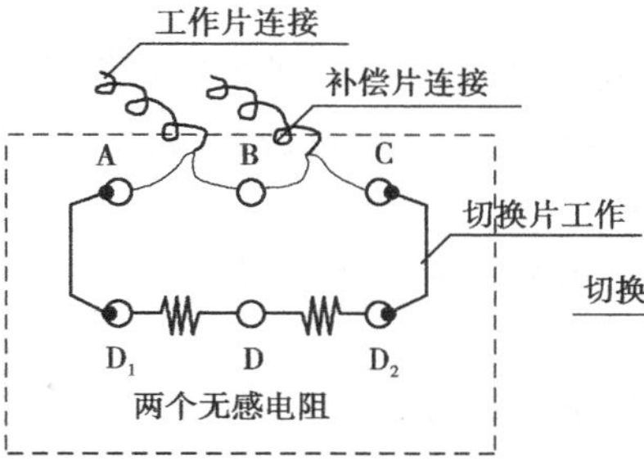

图4.6　半桥桥路

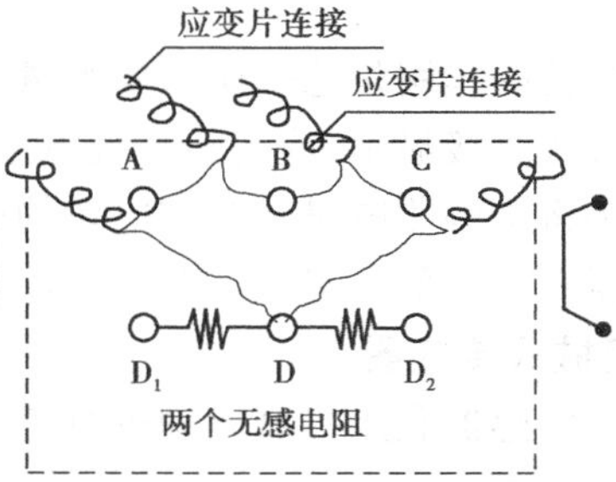

图4.7　全桥桥路

在一个通道内测试时，半桥桥路和全桥桥路不能混用。

4.3.2　其他方法测量应变

(1)位移方法

应变的定义是单位长度上的变形(拉伸、压缩和剪切)，在结构试验中，可以用两点之间的相对位移来近似地表示两点之间的平均应变。设两点之间的距离为 l(称为标距)，被测物体产生变形后，两点之间有相对位移 Δl，则在标距内的平均应变 ε 为

$$\varepsilon = \frac{\Delta l}{l} \tag{4.11}$$

式中，Δl 以增加为正，表示得到拉应变，以减少为负，表示得到压应变。

常用测量应变的位移方法有两种，一种是用手持应变仪测量，另一种是用百分表测量。

手持应变仪测量应变时，因其标距是定值，故选择性差。百分表测量应变时，因其标距的选择性好，常用于实际结构、足尺试件的应变测量，读数既可用百分表，也可用千分表或其他电测位移传感器。

(2)光测法

除了应变计和位移方法外，还可用光测法(云纹法、激光衍射法、光弹法、光纤法)等测量应变。在结构试验中，光测法较多应用于节点或构件的局部应力分析。

(3)无线法

应变测试中利用无线传输技术是目前的新型技术，正在发展之中。

4.4　传感器的分类

4.4.1　传感器的分类

按照工作原理划分，传感器有机械式传感器、弱电式传感器、光式传感器、波式传感器以及复合式传感器等。

按照功能划分，传感器有测力传感器、位移传感器、倾角传感器、裂缝观测仪、测振传感器(位移、速度与加速度)。

4.4.2 传感器的组成

传感设备的作用是感受所需要测量的物理量(或信号),按一定规律把它们转换成可以直接测读的形式直接显示,或者转换成电量的形式传输给相应的测量仪器。目前,结构试验中较多采用的是将被测非电量转换成电量的电测传感器。

传感器有4个部分组成:感受装置、转换装置、显示装置和附属装置。

(1)机械式传感器

机械式传感器利用机械原理进行工作,主要由以下4部分组成:

1)感受装置

它与测量对象接触,直接感受被测物理量的变化。

2)转换装置

将感受到的变化转换成长度或角度等的变化,并且加以放大或缩小以及转向等。

3)显示装置

用来显示被测变化量的大小,通常由指针和度盘等组成。

4)附属装置

它使仪器成为一个整体,并便于安装使用,如外壳、耳环、安装夹具等。

机械式传感器通常都不能进行数据传输,都需要带有显示装置。所以,机械式传感器是带有显示器的传感器。

(2)电测传感器

电测传感器利用某种特殊材料的电学性能或某种装置的电学原理,把所需测量的非电量变化转换成电量变化,如力、应变、速度、加速度等转换成与之对应的电流、电阻、电压或电感、电容等。电测传感器主要由以下4部分组成:

1)感受装置

它直接感受被测物理量的变化,它可以是一个弹性钢筒、一个悬臂梁或是一个简单的滑杆等。

2)转换装置

它将所感受到的物理量变化,转换成电量变化,如把应变转换成电阻变化的电阻应变片,把振动速度转换成电压变化的线圈磁钢组件,把力转换成电荷变化的压电晶体等。

3)传输装置

将电量变化信号传输到放大器或记录器和显示器的导线(或称为电缆)以及相应的接插件等。

4)附属装置

它是指传感器的外壳、支架等。

电测传感器可以进一步按输出电量的形式分为:电阻应变式、磁电式、电容式、电感式、压电式等。

(3)其他传感器

另外,还有线外线传感器、激光传感器、光纤维传感器、超声波传感器等;还有些传感器是利用两种或两种以上原理进行工作的复合式传感器,以及能对信号进行处理和判断的智能传感器。

通常，传感器输出的电信号很微弱，在有些情况下，还需要按传感器的种类配置放大器，对信号进行放大处理，然后输送到记录器和显示器。放大器的主要功能就是把信号放大，它必须与传感器、记录器和显示器相匹配。

4.5　常用传感设备

4.5.1　测力传感器

结构试验中，测力传感器是用来测量结构的作用力、支座反力的仪器。测力传感器主要有机械式和电测式两类，如图4.8所示。这些传感器的基本原理是用一弹性元件去感受拉力或压力，这个弹性元件即发生与拉力或压力成相对关系的变形，用机械装置把这些变形按规律进行放大和显示即为机械式传感器，用电阻应变片把这些变形转变成电阻变化后再进行测量的即为应变式传感器。此外，还有利用压电效应制成的压电式传感器。

测量时，机械式传感器为直读仪器，可以直接从传感器上读到力值；应变式传感器应与应变仪或数据采集仪连接，从应变仪上读到应变值再换算成力值，也可由数据采集仪或通过数据采集仪接入计算机，自动换算成力值输出；压电式传感器应与电荷放大器连接，然后输给记录仪器等。

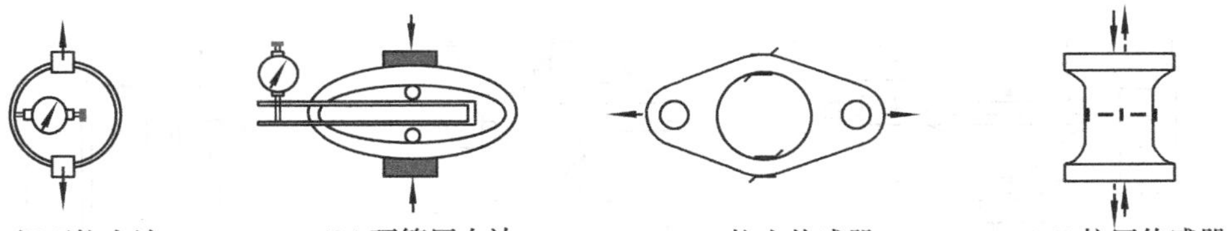

(a)钢环拉力计　(b)环箍压力计　(c)拉力传感器　(d)拉压传感器

图4.8　几种测力计及传感器

4.5.2　线位移传感器

线位移传感器（简称位移传感器）可用来测量结构的位移和支座位移，它测到的位移是某一点相对另一点的位移，即测点相对于位移传感器支架固定点的位移。通常把传感器支架固定在试验台或地面的不动点上，这时所测到的位移表示测点相对于试验台座或地面的位移。

常用的位移传感器有机械式百分表、电子百分表、滑阻式传感器和差动电感式传感器，如图4.9所示。它们的工作原理是用一可滑动的测杆去感受线位移，然后把这个位移量用各种方法转换成表盘读数或电变量。

如机械式百分表，它用一组齿轮把测杆的滑动位移转换成指针的转动；电子百分表是通过弹簧把测杆的滑动转变为固定在表壳上的悬臂小梁的弯曲变形，再用应变片把这个弯曲变形转变成应变，用惠斯登电桥输出；滑阻式传感器是通过可变电阻把测杆的滑动转变成两个相邻桥臂的电阻变化，把位移转换成电压，用惠斯登电桥输出。

当位移值较大、测量要求不高时，可用水准仪、经纬仪及直尺等进行测量。

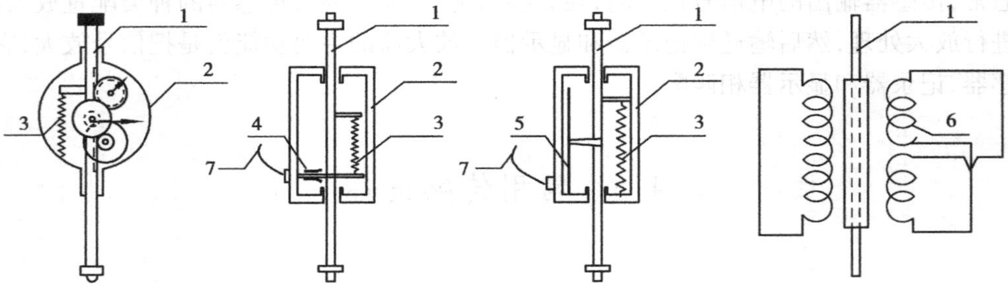

(a)百分表(千分表)　(b)电阻应变式位移传感器　(c)滑阻式位移传感器　(d)差动式位移传感器

图4.9　几种常用位移传感器构造原理图

1—测杆;2—外壳;3—弹簧;4—电阻应变片;5—电阻丝;6—线圈;7—电缆

4.5.3　倾角传感器

倾角传感器附着在结构上,随结构一起发生位移。常用的倾角传感器有长水准管式倾角仪、电阻应变式倾角传感器及DC-10水准式倾角传感器,如图4.10所示。它们的工作原理是以重力作用线为参考,以感受元件相对于重力线的某一状态为初值,当传感器随结构一起发生角位移后,其感受元件相对于重力线的状态也随之改变,把这个相应的变化量用各种方法转换成表盘读数或电变量。

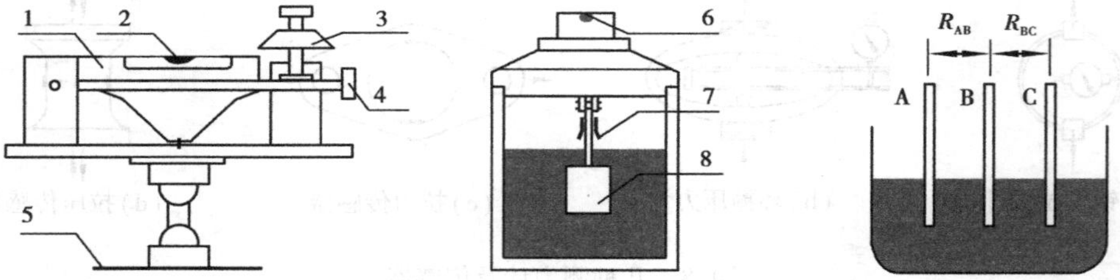

(a)长水准式倾角测量仪　(b)电阻应变式倾角传感器　(c)DC-10水准器工作原理

图4.10　倾角传感器示意图

1—长水准管;2—水准泡;3—读数盘;4—测微轮;5—试件;
6—圆水准器;7—电阻应变片;8—质量块

长水准管式倾角仪,用一长水准管作为感受元件,与微调螺丝和度盘配合测量角位移;电阻应变式倾角传感器用梁式摆作为感受元件,由于摆的重力,摆上的梁将发生与角位移相应的弯曲变形,再用梁上的应变片把这个弯曲变形转换成应变输出;DC-10水准式倾角传感器用液体摆来感受角位移,液面的倾斜将引起电极A、B间和B、C间的电阻发生相应改变,把电极A、B和C接入测量电桥,就可以得到与角位移相对应的电压输出。

4.5.4　裂缝观测仪

结构试验中,结构或构件裂缝的发生和发展,裂缝的位置和分布,长度和宽度,是反映结构性能的重要指标。特别是混凝土结构、砌体结构等脆性材料组成的结构,裂缝测量是一项必要的测量项目。

裂缝测量主要有三项内容：

①开裂，即裂缝发生的时刻和位置；

②度量，即裂缝的宽度和长度；

③走向，即裂缝发展的过程和趋势。

测量裂缝宽度通常用读数显微镜，它是由光学透镜与游标刻度等组成，将透镜的"+"字标点从裂缝的一边移到另一边，游标的末读数与初读数之差则为裂缝宽度。

最常用的发现开裂的简便方法是借助放大镜用肉眼观察，为便于观察可先在试件表面刷一层白色石灰浆或涂料。还可以用应变片或导电漆膜来测量开裂，在测区（图 4.11 中，梁的受拉区）连续搭接布置应变片或导电漆膜；当某处开裂时，该处跨裂缝的应变片读数就出现突变，或跨裂缝的漆膜就出现火花直至烧断，由此可以确定开裂。另一种方法是利用材料开裂时发射出声能的现象，将传感器布置在试件的表面或内部，通过声波的测量来确定开裂。

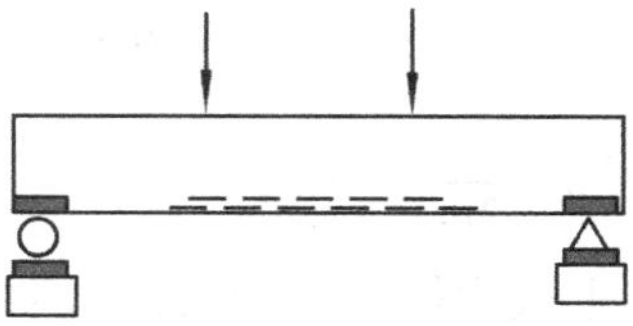

图 4.11　应变片或导电漆膜观测裂缝示意图

用塞尺测量裂缝宽度的技术已经失去其先进性，很少使用；用印有不同宽度线条的裂缝标尺与裂缝对比的技术已经淘汰。

光学显微裂缝观测仪的读数精确度高，体积小，便于携带。使用时不太方便，主要表现在裂缝在哪，设备就在哪，人和设备必须绕着裂缝转。

电子裂缝观测仪是现代电子技术发展的产物，通过摄像技术和电子传输技术把远处的或不方便观测的裂缝在一个带有刻度的显示屏上显示出来。很大程度上改善了光学显微裂缝观测仪的缺陷，使人们能够将裂缝拿在手上观测。

4.5.5　测振传感器

(1) 测振传感器工作原理

振动参数有位移、速度和加速度。振动测量和静态测量不同，试验时难以在振动体附近（即仪器外部）找到一个静止点作为测量的基准点，所以就需要使用在仪器内部能够找到一个静止点的惯性式测振传感器。

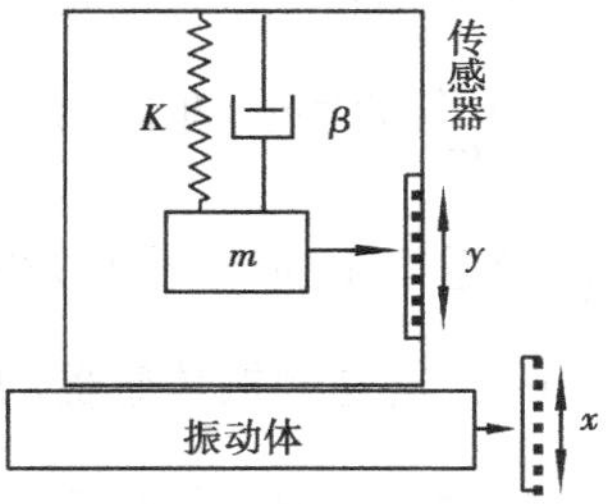

图 4.12　测振传感器力学原理

惯性式测振传感器的基本原理为：由惯性质量、阻尼和弹簧组成一个动力系统，这个动力系统简称测振传感器。把测振传感器固定在振动体表面与振动体一起振动，通过测量惯性质量相对于传感器外壳的运动，就可以得到振动体的振动，如图 4.12 所示。由于这是一种非直接的测量方法，所以，这个传感动力系统的动力特性对测量结果有很大的影响。

设被测振动体的振动规律如下，即

$$x = X_0 \cdot \sin \omega t \tag{4.12}$$

式中　x——振动体相对固定参考坐标的位移；

X_0——振动体振动的振幅；

ω——振动体振动的圆频率。

传感器外壳随振动体一起运动。以 y 表示质量块 m 相对于传感器外壳的位移，由图 4.9

可知,质量块 m 的总位移为 $x+y$,它的运动方程为

$$m \cdot \frac{d^2(x+y)}{dt^2} + c \cdot \frac{dy}{dt} + k \cdot y = 0 \tag{4.13}$$

或

$$m \cdot \frac{d^2 y}{dt^2} + c \cdot \frac{dy}{dt} + ky = mX_0\omega^2 \cdot \sin \omega t \tag{4.14}$$

上式为一单自由度有阻尼的强迫振动的方程,它的通解为

$$y = B \cdot e^{-nt}\cos\left(\sqrt{\omega^2 - n^2} \cdot t + \alpha\right) + Y_0 \cdot \sin(\omega t - \phi) \tag{4.15}$$

其中,$n = \frac{c}{2m}$。

上式中第一项为自由振动解,由于阻尼而很快衰减;第二项为强迫振动解,其中

$$Y_0 = \frac{X_0\left(\frac{\omega}{\omega_n}\right)^2}{\sqrt{\left[1-\left(\frac{\omega}{\omega_n}\right)^2\right]^2 + 4\xi^2\left(\frac{\omega}{\omega_n}\right)^2}}, \phi = \arctan\frac{2\xi\frac{\omega}{\omega_n}}{1-\left(\frac{\omega}{\omega_n}\right)^2} \tag{4.16}$$

式中 ξ——阻尼比,$\xi = \frac{n}{\omega_n}$;

ω_n——质量弹簧系统的固有频率,$\omega_n = \sqrt{\frac{k}{m}}$。

由式(4.15)可知,传感器动力系统的稳态振动为

$$y = Y_0 \cdot \sin(\omega_t - \phi) \tag{4.17}$$

(2)传感器的频率特性

将式(4.17)与式(4.12)相比较,可以看出传感器中的质量块相对外壳的运动规律与振动体的运动规律一致,但两者相差一个相位角 ϕ。质量块的振幅 Y_0 与振动体的振幅 X_0 之比为

$$\frac{X_0}{Y_0} = \frac{\left(\frac{\omega}{\omega_n}\right)^2}{\sqrt{\left[1-\left(\frac{\omega}{\omega_n}\right)^2\right]^2 + 4\xi^2\left(\frac{\omega}{\omega_n}\right)^2}} \tag{4.18}$$

式(4.18)和(4.16)分别为测振传感器的幅频特性和相频特性,相应的曲线称为幅频特性曲线和相频特性曲线,如图4.13和图4.14所示。由特性曲线可知,当$\frac{\omega}{\omega_n}$较大时,即振动体的振动频率比传感器的固有频率大很多时,不管阻尼比的大小如何,$\frac{Y_0}{X_0}$趋近于1,ϕ 趋近于180°,表示质量块的振幅和振动体的振幅趋近于相等,而它们的相位趋于相反,这是测振传感器的理想状态。当$\frac{\omega}{\omega_n}$接近于1时,$\frac{Y_0}{X_0}$值随阻尼值的变化而作很大的变化,这一段的相位差 ϕ 随着$\frac{\omega}{\omega_n}$的变化而变化,表示仪器测出的波形有共振。当$\frac{\omega}{\omega_n}$较小,趋于零时,$\frac{Y_0}{X_0}$值也趋于零,频率 ω_n 与所测振动的频率 ω 相比尽可能小,即使$\frac{\omega}{\omega_n}$尽可能大。但是,降低传感器的固有频率有时会有困难,这时可以适当选择阻尼器的阻尼值来延伸传感器的频率下限。

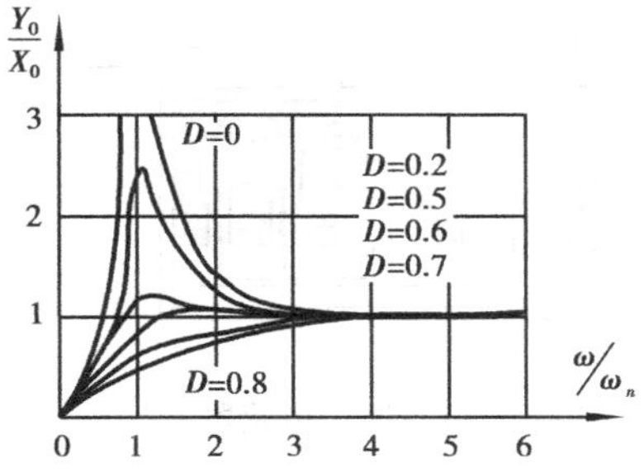

图 4.13　幅频特性曲线

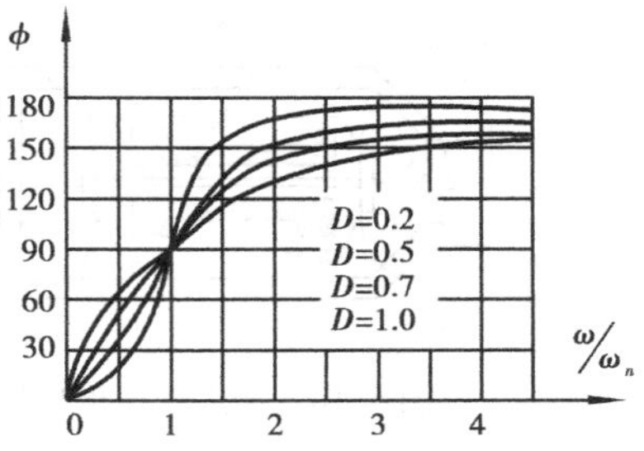

图 4.14　相频特性曲线

以上讨论是关于测量位移的传感器,如果使传感器的固有频率远远大于所测振动体的频率,可以得到关于惯性式加速度传感器的频率特性。当 $\omega_n \geqslant \omega$ 时,由式(4.16)可得

$$Y_0 \approx X_0 \cdot \left(\frac{\omega}{\omega_n}\right)^2, \phi \approx 0 \tag{4.19}$$

所测振动的加速度为

$$\frac{d^2x}{dt^2} = -X_0 \cdot \omega^2 \cdot \sin \omega t \tag{4.20}$$

令 a_m 为所测振动加速度的幅值,$a_m = X_0\omega^2$,由式(4.19)可知

$$Y_0 \approx \frac{1}{\omega_n^2} \cdot a_m \tag{4.21}$$

上式表示传感器的位移幅值与被测振动体的加速度幅值成正比,这就是惯性式加速度传感器的工作原理。以 $\frac{\omega}{\omega_n}$ 和 $Y_0 \frac{\omega_n^2}{a_m}$ 为坐标轴,可得加速度传感器幅频特性曲线,如图 4.15所示。

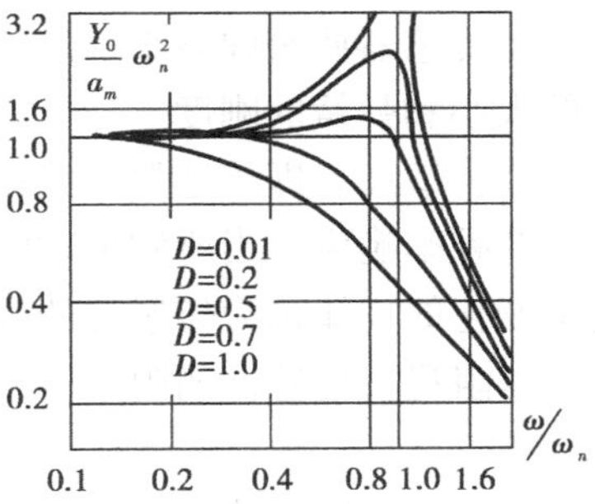

图 4.15　加速度传感器的幅频特性曲线

以上介绍的质量、弹簧和阻尼系统是测振传感器的感受部分,感受到的振动信号要通过各种转换方式转换成电信号,转换方式有磁电式、压电式、电阻应变式等。传感器所测的振动量通常是位移、速度和加速度等,按它们的转换方式和所测振动量可以分成很多种类,以下简要介绍磁电式速度传感器和压电式加速度传感器。

(3)磁电式速度传感器

磁电式速度传感器是根据电磁感应的原理制成的,其特点是灵敏度高,性能稳定,输出阻抗低,频率响应范围有一定宽度,调整质量、弹簧和阻尼系统的动力参数,可以使传感器既能测量非常微弱的振动,也能测比较强的振动。

图 4.16 所示为一磁电式速度传感器,其中,磁钢和壳体相固连,并通过壳体安装在振动体上,与振动体一起振动;芯轴和线圈组成传感器的系统质量,通过弹簧片(系统弹簧)与壳体连接。振动体振动时,系统质量与传感器壳体之间发生相对位移,因此线圈与磁钢之间也发生相对运动,根据电磁感应定律,感应电动势 E 的大小为

$$E = Bnlv \tag{4.22}$$

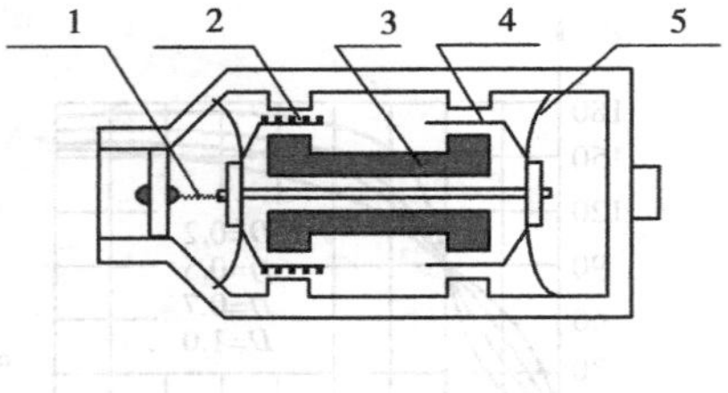

图 4.16　磁电式速度传感器

1—信号输出;2—线圈;3—磁钢;

4—阻尼器;5—弹簧片

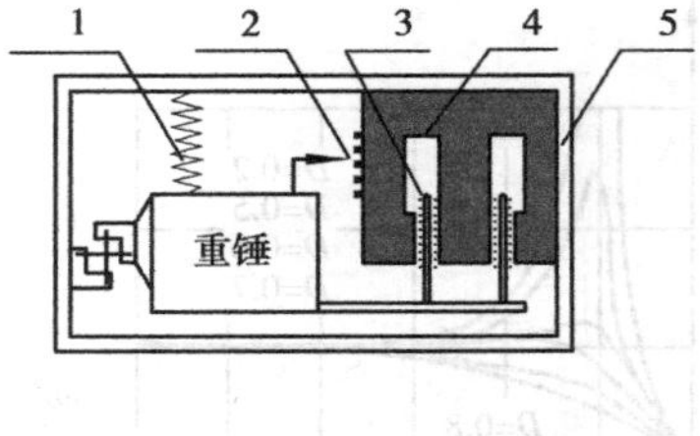

图 4.17　摆式传感器

1—弹簧;2—信号输出;

3—线圈;4—磁钢;5—外壳

式中　B——线圈所在磁钢间隙的磁感应强度;

n——线圈匝数;

l——每匝线圈的平均长度;

v——线圈相对于磁钢的运动速度,即系统质量相对于传感器壳体的运动速度。

从上式可以看出,对于传感器来说 Bnl 是常量,所以传感器的电压输出(即感应电动势)与相对运动速度成正比。

图 4.17 所示为一摆式测振传感器,它的质量弹簧系统设计成转动的形式,因而可以获得更低的仪器固有频率。摆式传感器可以测垂直方向和水平方向的振动;它也是磁电式传感器,输出电压与相对运动速度成正比。

磁电式测振传感器的主要技术指标有:

①传感器质量弹簧系统的固有频率。它直接影响传感器的频率响应。固有频率取决于质量的大小和弹簧的刚度。

②灵敏度。即传感器在测振方向受到一个单位振动速度时的输出电压。

③频率响应。当所测振动的频率变化时,传感器的灵敏度、输出的相位差等也随之变化,这个变化的规律称为传感器的频率响应。对于一个阻尼值,只有一条频率响应曲线。

④阻尼。传感器的阻尼与频率响应有很大关系,磁电式测振传感器的阻尼比通常设成 0.5 ~0.7。

磁电式速度传感器输出的电压信号一般比较微弱,需要用电压放大器进行放大。

(4)压电式加速度传感器

从物理学知道,一些晶体材料当受到压力并产生机械变形时,在其相应的两个表面上出现异号电荷,当外力去掉后,晶体又重新回到不带电的状态,这种现象称为压电效应。压电式加速度传感器是利用晶体的压电效应而制成的,其特点是稳定性高、机械强度高及能在很宽的温度范围内使用,但灵敏度较低。

图 4.18 所示为压电式加速度传感器的结构原理,压电晶体片上是质量块,用硬弹簧将它们夹紧在基座上;质量弹簧系统的弹簧刚度由硬弹簧的刚度和晶体片的刚度组成,刚度很大,质量块的质量较小,因而质量弹簧系统的固有频率很高,可达数千赫,高的甚至可达 100 ~ 200 kHz。

由前面的分析可知,当传感器的固有频率远远大于所测振动的频率时,质量块相对于外壳的位移就反映所测振动的加速度,质量块相对于外壳的位移乘上晶体的刚度就是作用在晶体上的动压力,这个动压力与压电晶体两个表面所产生的电荷量(或电压)成正比,因此我们可以通过测量压电晶体的电荷量来得到所测振动的加速度。

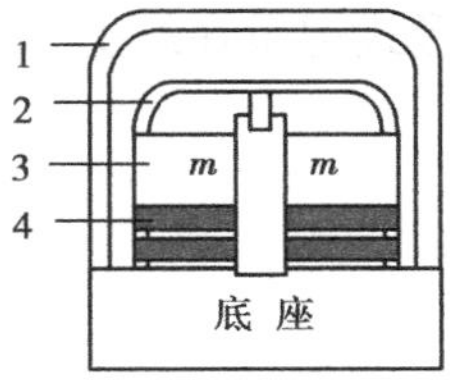

图 4.18　加速度传感器原理
1—外壳;2—硬弹簧;
3—质量块;4—压电晶体

压电式加速度传感器的主要技术指标如下:

1)灵敏度

压电式加速度传感器有两种形式的灵敏度,电荷灵敏度和电压灵敏度(分别是单位加速度的电荷和电压)。传感器灵敏度取决于压电晶体材料特性和质量的大小。质量块越大,灵敏度越大,但使用频率越窄;质量块减小,灵敏度也减小,但使用频率范围加宽。选择压电式加速度传感器,要根据测试要求综合考虑。

2)安装谐振频率

传感器牢固地装在一个有限质量体上(目前国际上公认的标准是取体积为 1 in^3,质量为 180 g 的谐振频率。压电式加速度传感器本身有一个固有谐振频率,但是传感器总是要通过一定的方式安装在振动体上,这样谐振频率就要受安装条件的影响。传感器的安装谐振频率与传感器的频率响应有密切关系,不当的安装方法会显著影响试验测试质量。

3)频率响应

根据对测试精度的要求,通常取传感器安装谐振频率的 1/10 ~ 1/5 为测量频率上限,测量频率的下限可以很低,所以压电式加速度传感器的工作频率很宽。

4)横向灵敏度比

传感器受到垂直于主轴方向振动时的灵敏度与沿主轴方向振动的灵敏度之比。在理想的情况下,传感器的横向灵敏度比应等于零。

5)幅值范围

传感器灵敏度保持在一定误差大小(通常在 5% ~ 10%)时的输入加速度幅值的范围,也就是传感器保持线性的最大可测范围。

压电式加速度传感器用的放大器有电压放大器和电荷放大器两种。

4.6　试验记录方法

4.6.1　概况

数据采集时,为了把数据保存、记录下来,必须使用记录器。记录器把这些数据按一定的方式记录在某种介质上,需要时可以把这些数据读出或输送给其他分析处理仪器。

数据的记录方式有两种,模拟式和数字式。从传感器传送到记录器的数据一般都是模拟量,模拟式记录就是把这个模拟量直接记录在介质上,数字记录则是把这个模拟量转换成数字量后再记录在介质上。模拟式记录的数据一般都是连续的,数字式记录的数据一般都是间断的。记录介质有普通记录纸、光敏纸、磁带、磁盘和数字光盘等。常用的记录器有 X-Y 记录仪、光线示波器、磁带记录仪、磁盘驱动器和光盘刻录器等。

4.6.2　X-Y 记录仪

X-Y 记录仪是一种常用的模拟式记录器,它用记录笔把试验数据以 x-y 平面坐标系中的曲线形式记录在纸上，得到的是试验变量的关系曲线，或试验变量与时间的关系曲线。

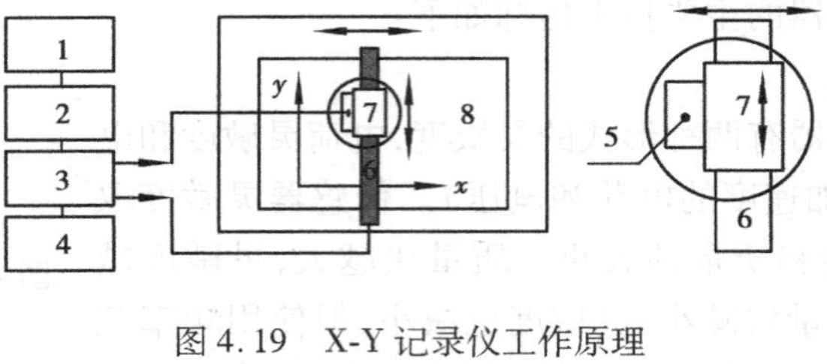

图 4.19　X-Y 记录仪工作原理

1—传感器；2—桥盒；3—应变仪；4—电源；5—绘图笔；

6—大车；7—小车；8—记录仪

图 4.19 为 X-Y 记录仪的工作原理，x、y 轴各由一套独立的、以伺服放大器、电位器和伺服马达组成的系统驱动滑轴和笔滑块；用多笔记录时，将 y 轴系统作相应增加，则可同时得到若干条试验曲线。

试验时，将试验变量 1 接通到 x 轴方向，将试验变量 2 接通到 y 轴方向；试验变量 1 的信号使笔滑轴沿 x 轴方向移动，试验变量 2 的信号使笔滑轴沿 y 轴方向移动，移动的大小和方向与信号一致，由此带动记录笔在坐标纸上画出试验变量 1 与试验变量 2 的关系曲线。如果在 x 轴方向输入时间信号，或使滑轴、或使坐标纸沿 x 轴按规律匀速运动，就可以得到试验变量与时间的关系曲线。

对 X-Y 记录仪记录的试验结果进行数据处理，通常需要先把模拟量的试验结果数字化，用尺直接在曲线上量取大小，根据标定值按比例换算得到代表试验结果的数值。

4.6.3　光线示波器

光线示波器也是一种常用的模拟式记录器，主要用于振动测量的数据记录，它将电信号转换为光信号并记录在感光纸或胶片上，得到的是试验变量与时间的关系曲线。

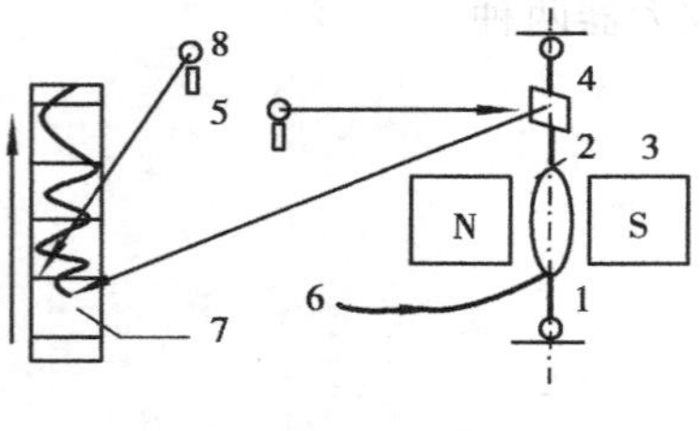

图 4.20　光线示波器的工作原理

1—张丝；2—线圈；3—磁场；

4—镜片；5—光源；6—输入线；

7—记录线；8—频闪灯

图 4.20 所示为光线示波器的工作原理，当振动的信号电流输入振子线圈 2 时，在固定磁场 3 内的振子线圈就发生偏转，与线圈连着的小镜片及其反射的光线也随之偏转，偏转的角度大小和方向与输入的信号电流相对应，光线射在前进着的感光记录纸上即留下所测信号的波形，与此同时在感光记录纸上用频闪灯 8 打上时间标记。光线示波器可以同时记录若干条波形曲线，它还可以用于静力试验的数据记录。

对光线示波器记录的试验结果进行数据处理，与 X-Y 记录仪相同。

4.6.4　磁带记录仪

磁带记录仪是一种常用的较理想的记录器，可以用于振动测量和静力试验的数据记录，它将电信号转换成磁信号并记录在磁带上，得到的是试验变量与时间的变化关系。

磁带记录仪由磁带、磁头、磁带传动、放大器和调制器等组成，它的原理如图 4.21 所示。记录时，从传感器来的信号输入到磁带记录仪，经过放大器和调制器的处理，通过记录磁头把

图 4.21　直接记录式磁带记录仪原理图

电信号转换成磁信号，记录在以规定速度作匀速运动的磁带上。重放时，使记录有信号的磁带按一定速度作匀速运动，通过重放磁头从磁带"读出"磁信号，并转换成电信号，经过放大器和调制器的处理，输出给其他仪器。

磁带记录仪的记录方式有模拟式和数字式两种，对记录数据进行处理应采用不同的方法。用模拟式记录的数据，可通过重放，把信号输送给 X-Y 记录仪或光线示波器等；或者，用数字式记录的数据，可通过 A/D 转换，输送给计算机处理。

磁带记录仪的特点是：

①工作频带宽，可以记录从直流到 2 MHz 的信号；

②可以同时进行多通道记录；

③可以快速记录、慢速重放，或慢速记录、快速重放，使数据记录和分析更加方便；

④通过重放，可以很方便地将磁信号还原成电信号，输送给各种分析仪器。

4.6.5　数据采集系统

(1)数据采集系统的组成

数据采集系统的硬件由三个部分组成：传感器、数据采集仪和计算机(控制器)。

①传感器部分包括各种电测传感器，其作用是感受各种物理变量。传感器输出的电信号可以直接或间接(通过放大器后)输入数据采集仪。

②数据采集仪部分包括：

a. 接线模块和多路开关，其作用是与相对应的传感器连接，并对各个传感器进行扫描采集；

b. A/D、D/A 转换器，实现模拟量与数字量之间的转换；

c. 单片机，其作用是按照事先设置的指令来控制整个数据采集仪，进行数据采集；

d. 储存器，能存放指令、数据等；

e. 其他辅助部件，如外壳、I/O 接口等。

数据采集仪的作用是采集数据，并将数据传送给计算机。

③计算机部分包括：主机、显示器、存储器、打印机、绘图仪和键盘等。计算机的主要作用是作为整个数据采集系统的控制器，控制整个数据采集过程。在采集过程中，通过数据采集程序的运行，计算机对数据采集仪进行控制，对数据进行计算处理。

数据采集系统可以对大量数据进行快速采集、处理、分析、判断、报警、直读、绘图、储存、试验控制和人机对话等，还可以进行自动化数据采集和试验控制，它们的采样速度可高达每秒几万个数据或更多。目前国内外数据采集系统的种类很多，按其系统组成的模式大致可分为以下几种：

①大型专用系统将采集、分析和处理功能融为一体，具有专门化、多功能的特点。

②分散式系统由智能化前端机、主控计算机、数据通信及接口等组成，其特点是前端可靠

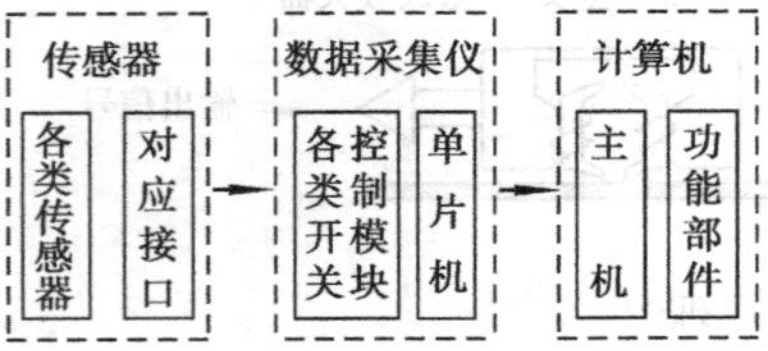

图 4.22　组合式数据采集系统的组成

近测点，消除了长导线引起的误差，并且稳定性好、传输距离长、通道多。

③小型专用系统以单片机为核心，小型、便携、用途单一、操作方便、价格低，适用于现场试验时的测量。

④组合式系统。这是一种以数据采集仪和微型计算机为中心，按试验要求进行配置组合成的系统，它适用性广、价格便宜，是一种比较容易普及的形式。组合式数据采集系统的组成如图 4.22 所示。

(2)数据采集过程

采用数据采集系统进行数据采集，数据的流通过程如图 4.23 所示。数据采集过程的原始数据是反映试验对象状态的物理量，如力、温度、线位移、角位移等。这些物理量通过传感器被系统扫描采集，再通过 A/D 转换变成数字量；通过系数换算，翻译成代表原始物理量的数值；然后，把这些数值打印输出或存入磁盘或暂时存在数据采集仪的内存。这时则完成数据采集。

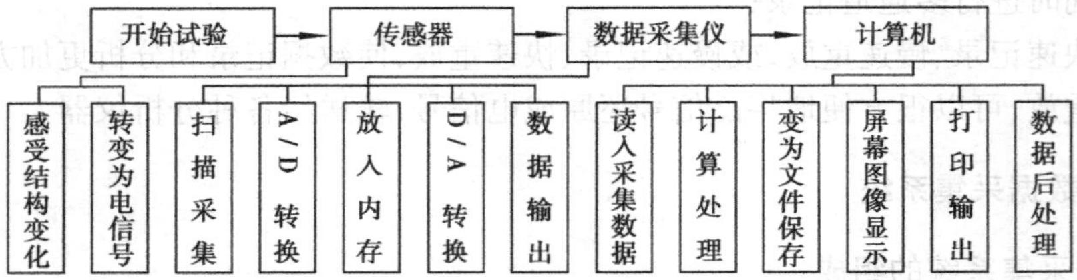

图 4.23　数据流通过程

所采集的数据通过计算机的接口，进入计算机；由计算机再对这些数据进行计算处理，如把力换算成应力等；计算机把处理后的数据存入文件或打印输出，并可以选择其中部分数据显示在屏幕上，如位移与荷载的关系曲线等。

数据采集过程受数据采集程序的控制，数据采集程序主要由两部分组成，第一部分的作用是数据采集的准备，第二部分的作用是正式采集；程序的运行有 6 个步骤，分别为启动采集程序、采集准备、采集初读数、采集待命、执行采集、终止程序运行。

数据采集过程结束后，所有采集到的数据都存在磁盘文件中，数据处理时可直接从这个文件中读取。各种数据采集系统所用的数据采集程序有：①生产厂商为该采集系统编制的专用程序，常用于大型专用系统；②固化的采集程序，常用于小型专用系统；③利用生产厂商提供的软件工具，用户自行编制的采集程序，主要用于组合式系统。

4.7　建筑结构现场测试技术

生产性结构试验大多属于结构检验性质试验，它具有直接的生产目的，经常用来验证和鉴定结构的设计和施工的质量；判断和确定已建结构现有的实际承载能力；为工程质量事故和受灾结构的处理提供技术依据；为预制构件产品作质量鉴定。

目前世界各国对于建筑物使用寿命，特别是建筑物的剩余寿命极为关注。这主要是因为现存的已建结构逐渐增多，有的已到了老龄期，临近退役，需要更换，有的则已进入了危险期。

由于以上原因，近十几年来，建筑物使用寿命可靠性的评价和剩余寿命的预测技术有了很大的发展。这对于保证建筑物的安全使用，延长使用寿命和防止建筑物重大破坏或倒塌事故的发生，以及减少经济上和社会影响上的损失，产生了重大的效果。

已建结构的鉴定也可称为已建结构可靠性鉴定或可靠性诊断。它是指对已建结构的作用、结构抗力及相互关系进行测定、检测、试验、判断和分析研究并取得结论的全部过程。这里除了对结构检查鉴定的理论研究，对各种检查鉴定的标准和规范的编制研究，并加强在工程实践中的应用外，作为鉴定主要手段的结构现场检测技术的研究和发展，同样起到了重要的作用。

综上所述，不论哪一种试验的目的，生产性的结构检验由于试验对象明确，除了预制构件的质量检验在预制厂进行以外，大部分都是在结构所在现场进行试验，更由于这些结构在试验后一般均要求能继续使用，所以试验一般都要求是非破坏性的。因此，结构现场检测可采用传统的荷载试验方法，在控制试验荷载量的情况下，来检测结构的刚度和承载能力。试验时必须注意结构抵抗能力分布的随机性和荷载实际值可能产生的误差，以致引起结构的破坏。

由于结构现场检测必须以不损伤和不破坏结构本身的使用性能为前提，非破损或半破损检测方法是检测结构构件材料的力学性能、弹塑性性质、断裂性能、缺陷损伤以及耐久性等参数，其中主要的是材料强度检测和内部缺陷损伤探测两个方面。

非破损检测混凝土强度的方法，是测量混凝土的某些物理特性，如混凝土表面的回弹值、声速在混凝土内部的传播速度等，并按相关关系推出混凝土的强度来作为检测结果。目前以回弹法、超声法和回弹-超声综合法在实际工程中使用得较多，其中回弹法和综合法已制订出相应的技术规程。

半破损检测混凝土强度的方法，是以在不影响结构构件承载能力的前提下，在结构构件上直接进行局部的微破损试验，或直接取样试验所得的数据，以推算出的混凝土强度作为检测结果。目前使用较多的是钻芯法和拔出法，其中钻芯法也已颁布了技术规程。

为了提高检测效率和检测精度，采用非破损和半破损方法进行合理的综合，也受到广泛的重视。

非破损检测混凝土内部缺陷的方法，是用以测定结构的施工过程中因浇捣、成型、养护等造成的蜂窝、孔洞、温度裂缝或干缩裂缝、保护层厚度不当等缺陷，以及结构在使用过程中因火灾、腐蚀、受冻等非受力因素造成的混凝土损伤。目前我国应用最为广泛的是超声脉冲法探测结构混凝土的内部缺陷，并已制订出超声法检测混凝土缺陷的技术规程。

随着非破损试验技术的发展，它还被应用于检测混凝土结构中的钢筋位置和钢筋锈蚀。

在钢结构的现场检测时，超声波检测技术也被广泛应用于检测钢材及焊缝的质量。

在砌体结构的现场检测中，较多的是采用砌体原位半破损测定砌体强度的方法。

4.7.1　混凝土结构现场检测试验

(1)回弹法检测混凝土强度

测量混凝土的表面硬度来推算其抗压强度，是混凝土结构现场检测中常用的一种非破损试验方法。1948 年瑞士斯密特发明了回弹仪。用回弹仪弹击混凝土表面时，由仪器重锤回弹能量的变化，反映混凝土的弹性和塑性性质，称为回弹法。

1)回弹法的基本原理

回弹法是使用回弹仪的弹击拉簧驱动仪器内的弹击重锤,通过中心导杆,弹击混凝土的表面,并测得重锤反弹的距离,以反弹距离与弹簧初始长度之比为回弹值 R,由它与混凝土强度的相关关系来推算混凝土强度。

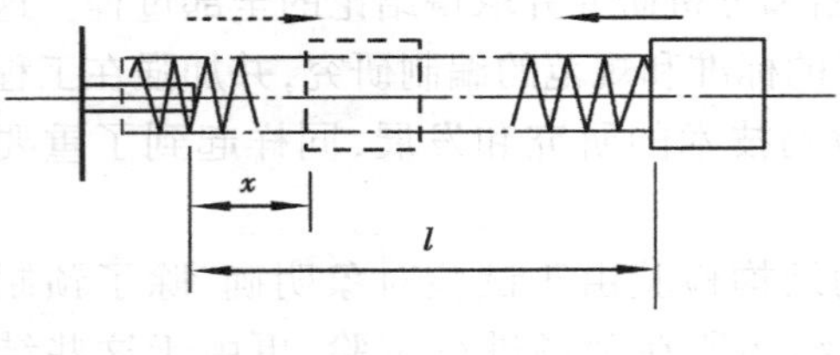

图4.24　回弹原理示意图

按图4.24 回弹值 R 可用下式表示,即

$$R = \frac{x}{l} \times 100\%$$

式中　l——弹击弹簧的初始拉伸长度;

x——重锤反弹位置或重锤回弹时弹簧拉伸长度。

2)回弹值与强度值的关系

目前回弹法测定混凝土强度均采用试验归纳法,建立混凝土强度 f^{C}_{Cu} 与回弹值 R 之间的一元回归公式,或建立混凝土强度 f^{C}_{Cu} 与回弹值 R 及主要影响因素(如混凝土表面的碳化深度 d)之间的二元回归公式。目前常用的有以下几种:

直线方程　$f^{C}_{Cu} = A + BR_m$

幂函数方程　$f^{C}_{Cu} = AR_m^B$

抛物线方程　$f^{C}_{Cu} = A + BR_m + CR_m^2$

二元方程　$f^{C}_{Cu} = AR_m^B \cdot 10^{c \cdot d_m}$

式中　f^{C}_{Cu}——某测区混凝土强度换算值;

R_m——该区平均回弹值;

d_m——该区平均碳化深度;

A,B,C——常数项,按原材料条件等因素不同而变化。

我国已经颁布了《回弹法检测混凝土抗压强度技术规程》JGJ/T23—92 规定。近年来国外新型的回弹仪不断出现,尤以日本和瑞士发展较快,除了在基本构造上仍以锤击回弹为主外,主要是回弹值的自动记录、数字显示,并能按程序进行数据修正和处理。

3)测试方法

回弹法检测混凝土抗压强度有下面三个步骤:

①测回弹值。用回弹法测定混凝土强度对于每个试件的测区数目应不少于10个。每一测区应为不小于20 cm×20 cm的面积,以能容纳16个回弹测点为宜。两个相邻测区的间距不宜大于2 m,而测区宜选在混凝土浇筑的侧面。测区内的16个测点宜均匀分布,同一测点只允许弹击一次,测点不应在气孔或外露石子上,相邻两测点的净距一般不小于2 cm。测点距离结构或构件边缘或外露钢筋、预埋件的距离一般不小于3 cm。

②测碳化深度。在回弹的每个测区选择一处用浓度为1%酚酞酒精溶液来量测混凝土的碳化深度。每处量测垂直深度1~2次,精度为0.05 cm。求得平均碳化深度 d_m。

③记录回弹角度和回弹表面状态。

4)数据处理

回弹法检测混凝土抗压强度的数据处理有下面四个步骤:

①求回弹平均值。当回弹仪按水平方向测得试件混凝土浇筑侧面的16个回弹值后,分别剔除3个最大值和3个最小值,按余下的10个回弹值取平均值。

②回弹角度影响修正。将回弹平均值按不同测试角度和不同浇筑面作分别修正。

③碳化深度修正。当 $d_m \leq 0.4$ mm 时，按 $d_m = 0$ 进行处理，否则，则按规定计算。

④结果评定。最后由实测的 R_m 和 d_m 值，按《规程》测区混凝土强度值的换算表求得测区混凝土强度值 $f_{\mathrm{Cu}}^{\mathrm{C}}$，并由此评定检测结构构件的混凝土强度。

(2)超声脉冲法检测混凝土强度

结构混凝土的抗压强度 f_{Cu} 与超声波在混凝土中的传播参数(声速、衰减等)之间的相关关系是超声脉冲检测混凝土强度方法的基础。

混凝土是各向异性的多相复合材料，在受力状态下，呈现出不断演变的弹性—黏性—塑性性质。由于混凝土内部存在着广泛分布的砂浆与骨料的界面和各种缺陷(微裂、蜂窝、孔洞等)形成的界面，使超声波在混凝土中的传播要比在均匀介质中复杂得多，使声波产生反射、折射和散射现象，并出现较大的衰减。在普通混凝土检测中，通常采用 20～500 kHz 的超声频率。

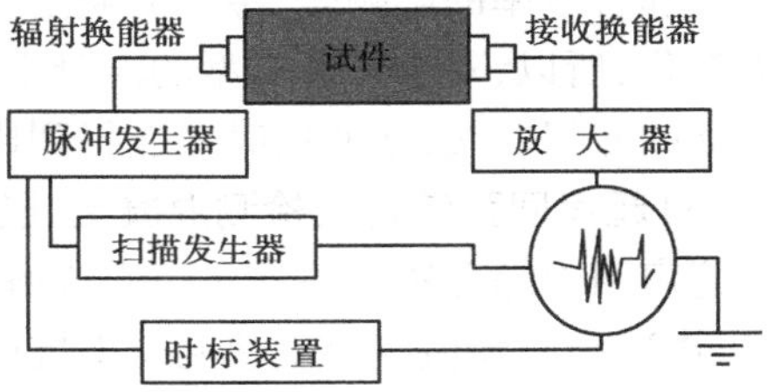

图 4.25　混凝土超声波检测系统

超声波脉冲实质上是超声检测仪中压电晶体的压电效应产生的机械振动发出的声波在介质中的传播，如图 4.25 所示。混凝土强度越高，相应超声声速也越大，经试验归纳，这种相关性可以用非线性的数学模型来拟合，即通过试验建立混凝土强度与声速的关系曲线(f-v 曲线)或经验公式。目前常用的相关表达式有

指数函数方程　　$f_{\mathrm{Cu}}^{\mathrm{C}} = Ae^{Bv}$

幂函数方程　　$f_{\mathrm{Cu}}^{\mathrm{C}} = Av^{B}$

抛物线方程　　$f_{\mathrm{Cu}}^{\mathrm{C}} = A + Bv + Cv^{2}$

式中　$f_{\mathrm{Cu}}^{\mathrm{C}}$——混凝土强度换算值；

v——超声波在混凝土中传播的速度；

A, B, C——统计常数项。

在现场进行结构混凝土强度检测时，应选择混凝土的侧面为测试面，一般以 20 cm × 20 cm 的面积为一测区。每一试件上相邻测区间距不大于 2 m。测试面应清洁平整、干燥无缺陷。每个测区内应在相对的测试面对应地布置三个测点，相对面上对应的辐射和接收换能器应在同一轴线上。测试时必须保持换能器与被测混凝土表面有良好的耦合，并利用黄油或凡士林等耦合剂，以减少声能的反射损失。

测区声波传播速度

$$v = \frac{l}{l_m}$$

其中

$$t_m = \frac{t_1 + t_2 + t_3}{3}$$

式中　v——测区速值，km/s；

l——超声测距，mm；

t_m——测区平均声时值，μs；

t_1, t_2, t_3——分别为测区中 3 个测点的声时值。

当在试件混凝土的浇筑顶面或底面测试时，声速值应作修正，即

$$v_u = \beta v$$

式中 v_u——修正后的测区声速值，km/s；

β——超声测试面修正系数。在混凝土浇灌顶面及底面测试时，$\beta = 1.034$。在混凝土侧面测试时，$\beta = 1.0$。

由试验量测的声速，按 f_{Cu}^{C}-v 曲线求得混凝土的强度换算值。

混凝土的强度和超声波传播声速间的定量关系受到混凝土的原材料性质及配合比的影响，其中有骨料的品种、粒径的大小、水泥的品种、用水量和水灰比、混凝土的龄期、测试时试件的温度和含水率的影响等，鉴于混凝土强度与声速传播速度的相应关系随各种技术条件的不同而变化，所以，对于各种类型的混凝土不可能有统一的 f_{Cu}^{C}-v 曲线，只有在考虑各种因素和条件建立的专门曲线，在使用时才能得到比较满意的精度。

(3)超声回弹综合法检测混凝土强度

超声回弹综合法是建立在超声传播速度和回弹值与混凝土抗压强度之间相互关系的基础上，以声速和回弹值综合反映混凝土抗压强度的一种非破损检测方法。

超声波在混凝土材料中的传播速度反映了材料的弹性性质，由于声波穿透被检测的材料，因此也反映了混凝土内部构造的有关信息。

回弹法的回弹值反映了混凝土的弹性性质，同时在一定程度上也反映了混凝土的塑性性质，但它只能确切反映混凝土表层约 3 cm 厚度的状态。

当采用超声和回弹综合法时，它既能反映混凝土的弹性，又能反映混凝土的塑性；既能反映混凝土的表层状态，又能反映混凝土的内部构造。这样通过不同物理参量的测定，可以由表及里的较为确切地反映混凝土的强度。

采用超声回弹综合法检测混凝土强度，能对混凝土的某些物理参量在采用超声法或回弹法测量时产生的影响得到补偿。如对回弹值影响最为显著的碳化深度，在综合法中碳化因素可不予修正，原因是碳化深度较大的混凝土，由于它的龄期较长而其含水量相应降低，以致声速稍有下降，因此在综合关系中可以抵消回弹值上升所造成的影响。因此，用综合法的 f_{Cu}^{C}-v-R_m 关系推算混凝土强度时，无须测量碳化深度。试验证明，超声回弹综合法的测量精度优于超声或回弹方法，减少了量测误差。

采用超声回弹综合法检测混凝土强度时，应严格遵照《超声回弹综合法检测混凝土强度技术规程》的要求。超声的测点应布置在回弹值的测区内，但测量声速的探头位置不宜与回弹仪的弹击点相重叠。每一测区内，宜先作回弹测试，后作超声测试。只有同一测区内所测得的回弹值和声速值才能作为推算混凝土强度的综合参数，不同测区的测量值不得混用。

在超声回弹综合检测时，每一测区的混凝土强度是根据该区实测的超声波声速 v 及回弹平均值 R_m，按事先建立的 f_{Cu}^{C}-v-R_m 关系曲线推定的，因此必须建立可靠的 f_{Cu}^{C}-v-R_m 关系曲线。目前常用的曲线形式有

平面型方程 $$f_{\text{Cu}}^{\text{C}} = A + Bv + CR_m$$

曲面型方程 $$f_{\text{Cu}}^{\text{C}} = Av^B R_m^C$$

其中曲面型方程比较符合 $f_{\text{Cu}}^{\text{C}}, v, R_m$ 之间的相关性，误差较小。专用的 f_{Cu}^{C}-v-R_m 曲线，由于针对性强，与实际情况比较吻合。如果选用地区曲线或通用曲线时，必须进行验证和修正，

随后按《超声回弹综合法检测混凝土强度技术规程》的规定评定结构或构件的混凝土强度。

(4)钻芯法检测混凝土强度

钻芯法试验是使用专用的取芯钻机，从被检测的结构或构件上直接钻取圆柱形的混凝土芯样，并根据芯样的抗压强度推定混凝土的立方体抗压强度。它不需要建立混凝土的某种物理量与强度之间的换算关系，被认为是一种较为直观可靠的检测混凝土强度的方法。由于需要从结构构件上取样，对原结构有局部损伤，所以是一种能反映混凝土实际状态的现场检测的半破损试验方法。

钻取芯样的钻孔取芯机是带有人造金刚石的薄壁空心圆筒形钻头的专用机具，由电动机驱动，从被测试件上直接钻取圆柱形混凝土芯样。由于空心钻头内径要求不宜小于混凝土骨料最大粒径的三倍，并在任何情况下不得小于两倍，所以我国《钻芯法检测混凝土强度技术规程》规定，以 ϕ100 mm 及 ϕ150 mm，高径比为 1 ~ 2 的芯样作为标准试件。对于$(h/d)>1$的芯样，应考虑尺寸效应对强度的影响，要采用修正系数 α 进行修正。为防止芯样端面不平整导致应力集中和实测强度偏低，芯样端面必须进行加工，通常用磨平法和端面用硫黄胶泥或水泥净浆补平。

钻芯法检测不宜用于混凝土强度等级低于 C10 的结构。钻取芯样应在结构或构件受力较小的部位和混凝土强度质量具有代表性的部位，应避开主筋、预埋件和管线的位置。每个芯样内最多只允许含有两根直径小于 10 mm 的钢筋，且钢筋应与芯样轴线基本垂直并不得露出端面。

对于单个构件检测时，钻芯数量不应少于 3 个。对于较小的构件，可取 2 个。当对结构构件的局部区域进行检测时，取芯位置和数量可由已知质量薄弱部位的大小决定，检测结果仅代表取芯位置的混凝土质量，不能据此对整个构件及结构强度作出总体评价。

当与其他非破损方法综合检测时，钻芯位置应与该方法的测点布置在同一测区。

钻取的芯样试件宜在与被检测结构或构件的混凝土干湿度基本一致的条件下进行抗压试验。

芯样试件的混凝土强度换算值按下式计算，即

$$f_{\mathrm{Cu}}^{\mathrm{C}} = \alpha \frac{4F}{\pi d^2}$$

式中　$f_{\mathrm{Cu}}^{\mathrm{C}}$——芯样试件混凝土强度换算值，MPa；精确至 0.1 MPa；

F——芯样试件抗压试验测得的最大压力，N；

d——芯样试件平均直径，mm；

α——不同高径比的芯样试件混凝土强度的换算系数，按表 4.3 选用。

表 4.3　芯样试件混凝土强度的换算系数

高径比 h/d	1.0	1.1	1.2	1.3	1.4	1.5	1.6	1.7	1.8	1.9	2.0
系数 α	1.00	1.04	1.07	1.10	1.13	1.15	1.17	1.19	1.20	1.22	1.24

单个构件或单个构件的局部区域可取芯样强度换算值中的最小值作为其代表值。

钻孔取芯后结构上留下的孔洞必须及时进行修补，一般情况下，修补后构件的承载能力仍可能低于未钻孔前的承载能力，所以，钻芯法不宜普遍使用，更不宜在一个受力区域内集中钻

孔取芯。

(5)拔出法检测混凝土强度

拔出法试验是用一金属锚固件埋入混凝土构件内,然后测试锚固件被拔出时的拉力,由被拔出的锥台形混凝土块的投影面积,确定混凝土的拔出强度,并由此推断混凝土的立方抗压强度,也是一种半破损试验的检测方法。

在浇筑混凝土时预埋锚固件的方法,称为预埋法,或称 LOK 试验。在混凝土硬化后再钻孔埋入膨胀螺栓作为锚固件的方法,称为后装法,或称 CAPO 试验。预埋法常用于工程施工阶段,按事先计划要求布置测点。后装法用于检测混凝土的质量和判断硬化混凝土的现有实际强度。

拔出法试验的加荷装置是一专用的手动油压拉拔仪,油缸进油时对拔出杆均匀施加拉力,加荷速度控制在 0.5 ~ 1 kN/s,在油压表或荷载传感器上指示拔力。

单个构件检测时,至少有三个测点。当最大拔出力及最小拔出力与中间值之差均小于5%时,不进行补测。对同批构件按批抽样检测时,构件抽样数应不少于同批件的30%,且不少于10件,每个构件不应少于三个测点。

结构或构件上的测点,宜布置在混凝土浇筑方向的侧面,应分布在外荷载或预应力钢筋压力引起应力最小的部位。测点分布均匀并应避开钢筋和预埋件。测点间距应大于$10h$,测点距离试件端部应大于$4h$(h为锚固件的锚固深度)。

采用拔出法作为混凝土强度的评定依据时,必须按已经建立的拔出力与立方抗压强度之间的相关曲线,由拔出力确定混凝土的抗压强度。

目前国内拔出法的测强曲线都采用一元回归直线方程,即

$$f_{\mathrm{Cu}}^{\mathrm{C}} = aF + b$$

式中 $f_{\mathrm{Cu}}^{\mathrm{C}}$——测点混凝土强度换算值,MPa,精确至 0.1 MPa;

F——测点拔出力,kN;精确至 0.1 kN;

a,b——回归系数。

(6)超声法检测混凝土缺陷

在工程施工验收、事故处理和已建建筑可靠性鉴定工作中,为对结构进行补强和维修,必须进行混凝土缺陷和损伤的检测。

超声波检测混凝土缺陷目前应用最为广泛。主要是采用低频超声仪,测量超声脉冲中纵波在混凝土中的传播速度、首波幅度和接收信号频率等声学参数。当混凝土中存在缺陷或损伤时,超声脉冲通过缺陷时产生绕射,传播的声速小,声时偏长。更由于在缺陷界面上产生反射,能量显著衰减,波幅和频率明显降低,接收信号的波形平缓甚至发生畸变。综合声速、波幅和频率等参数的相对变化,对同条件下的混凝土进行比较,判断和评定混凝土的缺陷和损伤情况。

1)混凝土裂缝检测

混凝土裂缝的深度不同,其检测方法不同。

浅裂缝检测。对于结构混凝土开裂深度小于或等于 500 mm 的裂缝,可用平测法或斜测法进行检测。

结构的裂缝部位只有一个可测表面时,应采用平测法检测,即将仪器的发射换能器和接收换能器对称布置在裂缝两侧(图 4.26),若距离为L,超声波传播所需时间为t^0。再将换能器以

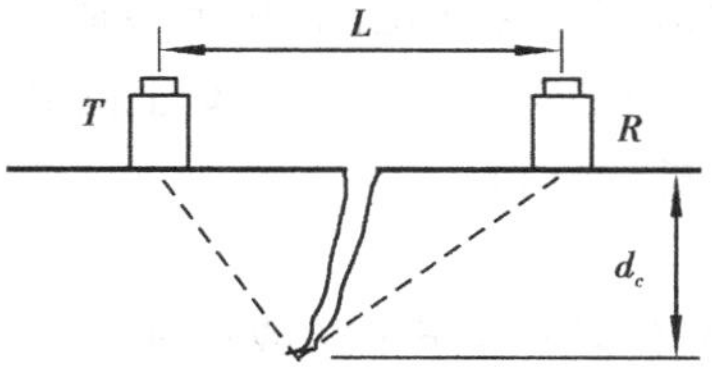

图 4.26　平测法检测裂缝深度

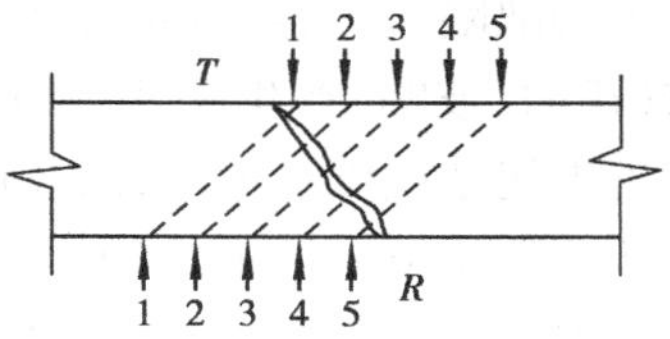

图 4.27　斜测法检测裂缝深度

相同距离 L 平置在完好的混凝土表面，测得传播时间为 t。这里裂缝的深度 d_c 可按下式进行计算，即

$$d_c = \frac{L}{2}\sqrt{\left(\frac{t^0}{t}\right)^2 - 1}$$

式中　d_c——裂缝深度，mm；

t, t^0——分别代表测距为 L 时不跨缝、跨缝平测的声时值，μs；

L——平测时的超声传播距离，mm。

实际检测时，可进行不同测距的多次测量，取得 d_c 的平均值作为该裂缝的深度值。

当结构的裂缝部位有两个相互平行的测试表面时，可采用斜测法检测。如图 4.27 所示，将两个换能器分别置于对应测点 1，2，3 等位置，读取相应声时值 t_i、波幅值 A_i 和频率值 f_i。

当两换能器连线通过裂缝时，则接收信号的波幅和频率明显降低。对比各测点信号，根据波幅和频率的突变，可以判定裂缝的深度以及是否在平面方向贯通。

按上述方法检测时，在裂缝中不允许有积水或泥浆。另外，当结构或构件中有主钢筋穿过裂缝且与两换能器连线大致平等时，测点布置时应使两换能器连线与钢筋轴线至少相距 1.5 倍的裂缝预计深度，以减少量测误差。

深裂缝检测。对于在大体积混凝土中预计深度在 500 mm 以上深裂缝，当采用平测法和斜测法有困难时，可采用钻孔探测，如图 4.28 所示。

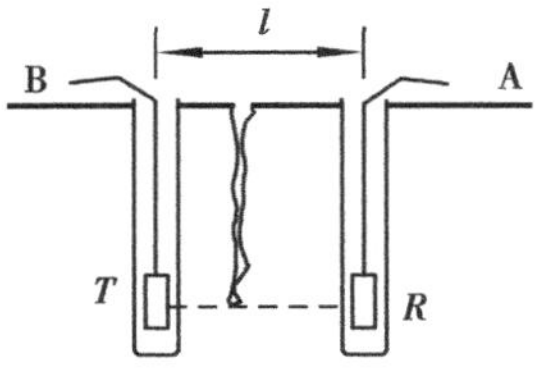

图 4.28　钻孔检测裂缝深度

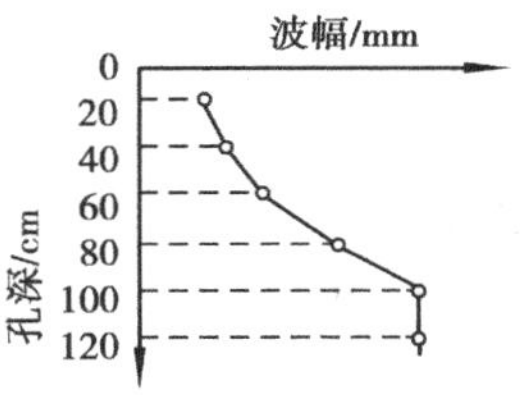

图 4.29　裂缝 d-A 坐标

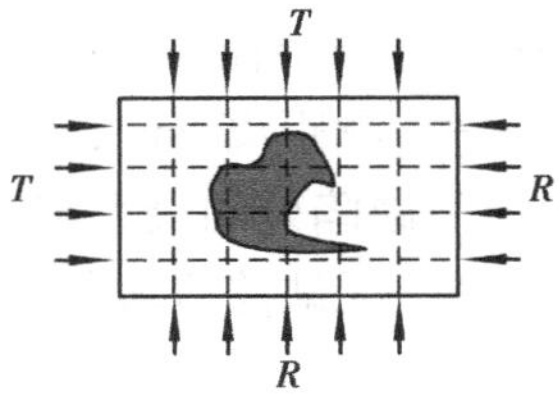

图 4.30　混凝土缺陷对测

在裂缝两侧钻两孔，孔距宜为 2 m。测试前向测孔中灌注清水，作为耦合介质，将发射和接收换能器分别置入裂缝两侧的对应孔中，以相同高程等距自上而下同步移动，在不同的深度上进行对测，逐点读取声时和波幅数据。绘制换能器的深度和对应波幅值的 d-A 坐标图，如图 4.29 所示。波幅值换能器下降的深度逐渐增大，当波幅达到最大且基本稳定的对应深度，便是裂缝深度 d_c。

测试时，可在混凝土裂缝测孔的一侧另钻一个深度较浅的比较孔，测试同样测距下无缝混凝土的声学参数，与裂缝部位的混凝土对比，进行判别。

钻孔探测鉴别混凝土质量的方法还被用于混凝土钻孔灌注桩的质量检测。对于桩内混凝土灌注时产生的缺陷，采用换能器沿预埋在桩内的管道作对穿式检测，超声传播介质的不连续使声学参数（声时、波幅）产生突变，可判断桩的混凝土灌注质量，检测混凝土的孔洞、蜂窝、疏松不密实和桩内泥沙或砾石夹层，以及可能出现的断桩的部位。

2）混凝土内部空洞缺陷的检测

超声检测混凝土内部的不密实区域或空洞是根据各测点的声时（或声速）、波幅或频率值的相对变化，确定异常测点的坐标位置，从而判定缺陷的范围。

当结构具有两对互相平行的测试面时可采用对测法。在测区的四个测试面上，分别画间距为 20 cm 的网格，确定测点的位置，如图 4.30 所示。只有一对相互平行的测试面时可采用斜测法，即在测区的两个相互平行的测试面上，分别画出交叉测试的两组测点位置。把缺陷网在两组平行线交叉组成的一组平行四边形的网格中。

当结构测试距离较大时，可在测区的适当部位钻出平行于结构侧面的测试孔，直径为 5 cm 左右，其深度视测试需要决定。换能器测点布置如图 4.31 所示。

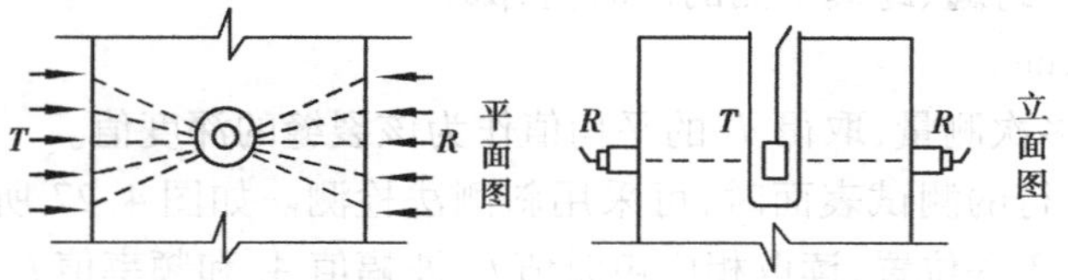

图 4.31　混凝土缺陷检测钻孔法测点布置

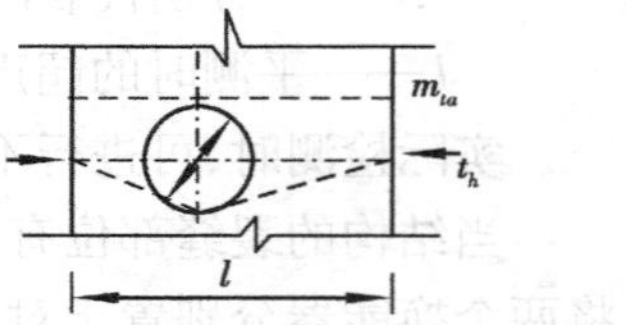

图 4.32　混凝土内部空洞尺寸估算

测试时，记录每个测点的声时、波幅、频率和测距。通过对比同条件混凝土的声学参量，当某些测点出现声时延长，声能被吸收和散射，波幅降低，高频部分明显衰减等异常情况时，说明混凝土内部存在不密实或存在空洞。

当被测部位只有一对测试面时，见图 4.32，混凝土内部空洞大小可按下式估算，即

$$r = \frac{l}{2}\sqrt{\left(\frac{t_h}{m_{ta}}\right)^2 - 1}$$

式中　r——空洞半径，mm；

l——检测距离，mm；

t_h——缺陷处的最大声时值，μs；

m_{ta}——无缺陷区域的平均声时值，μs。

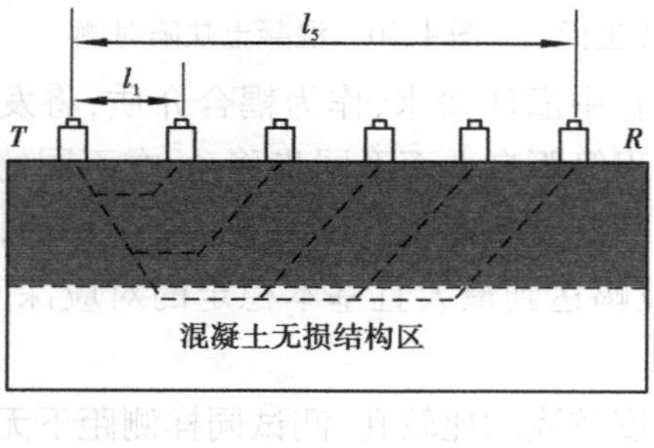

图 4.33　平测法检测混凝土表层损伤厚度

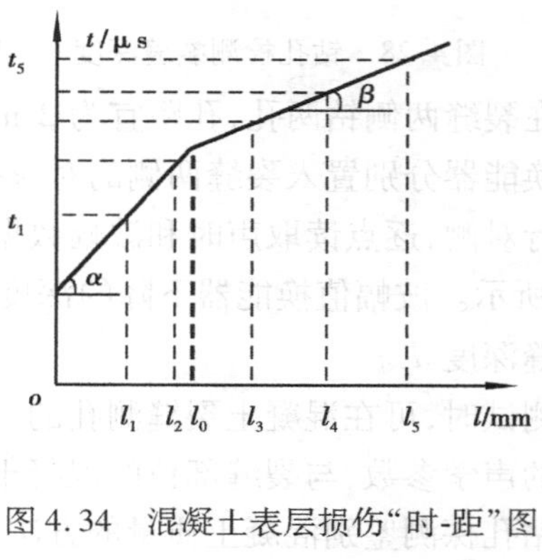

图 4.34　混凝土表层损伤“时-距”图

3）混凝土表层损伤的检测

混凝土结构因受火灾、冻害和化学侵蚀等引起表面损伤的厚度也可以采用平测法进行检测。检测时，换能器测点如图4.33布置。将发射换能器A耦合后保持不动，接收换能器依次耦合安置在$B_1,B_2,B_3,\cdots$测点，每次移动距离不宜大于100 mm，并测读相应的声时值$t_1,t_2,t_3,\cdots$及两换能器之间的距离$l_1,l_2,l_3,\cdots$，每一测区内不得少于5个测点。按各点声时值及测距绘制损伤层检测"时-距"坐标图，如图4.34所示。由于混凝土损伤后使声速传播速度变化，因此在时-距坐标图上出现转折点，并由此可分别求得声波在损伤混凝土与密实混凝土中的传播速度。

已伤混凝土和未伤混凝土的声速依次为$v_f=\cot\alpha=\dfrac{l_2-l_1}{t_2-t_1}$，$v_a=\cot\beta=\dfrac{l_5-l_3}{t_5-t_3}$，混凝土表面损伤层的厚度为

$$d_f=\frac{l_0}{2}\sqrt{\frac{v_a-v_f}{v_a+v_f}}$$

式中　d_f——表层损伤厚度，mm；

l_0——声速产生突变时的测距，mm；

v_a,v_f——依次为未损伤、已损伤混凝土的声速，km/s；

按照超声法检测混凝土缺陷的原理，尚可应用于检测混凝土二次浇筑所形成的施工缝和加固修补结合面的质量以及混凝土各部位相对均匀性的检测。检测时应遵照《超声法检测混凝土缺陷技术规程》的有关规定。

（7）混凝土结构钢筋位置和钢筋锈蚀的检测

1）钢筋位置的检测

对已建混凝土结构作可靠性诊断和对新建混凝土结构施工质量鉴定时，要求确定钢筋位置、布筋情况，正确测量混凝土保护层厚度和估测钢筋的直径。当采用钻芯法检测混凝土强度时，为在取芯部位避开钢筋，也须作钢筋位置的检测。

钢筋位置测试仪是利用电磁感应原理进行检测。混凝土是带弱磁性的材料，而结构内配置的钢筋带强磁性。混凝土中原来是均匀磁场，当配置钢筋后，就会使磁力线集中于沿钢筋的方向。检测时，当钢筋测试仪的探头接触结构混凝土表面时，探头中的线圈通过交流电时，在线圈周围产生交流磁场。该磁场中由于有钢筋存在，线圈电压和感应电流强度发生变化，同时由于钢筋的影响，产生的感应电流的相位与原来交流电的相位也产生偏移，如图4.35所示。该变化值是钢筋与探头的距离和钢筋直径的函数。钢筋越接近探头，钢筋直径越大时，感应强度越大，相位差也越大。

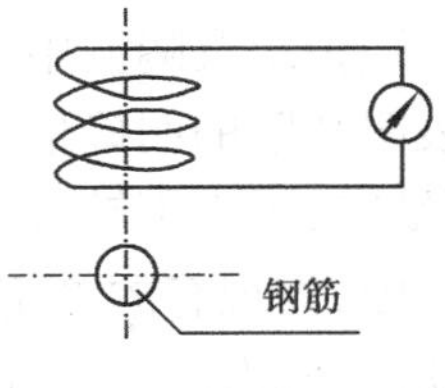

图4.35　钢筋影响感应电流示意图

电磁感应法，比较适用于配筋稀疏、保护层不太大的钢筋的检测，同时钢筋又布置在同一平面或在不同平面内距离较大时，才可取得比较满意的结果。

目前国产的数显钢筋位置测定仪，其工作性能比较稳定，能够比较准确地检测钢筋的位置，钢筋保护层的厚度，对于单排钢筋的直径也能够进行估测，误差在±1～±2 mm之间。

2）钢筋锈蚀的检测

已建结构钢筋的锈蚀是导致混凝土保护层胀裂、剥落、钢筋有效截面削弱等结构破坏的现

象，直接影响结构承载能力和使用寿命。当对于已建结构进行结构鉴定和可靠度诊断时，必须对钢筋锈蚀进行检测。

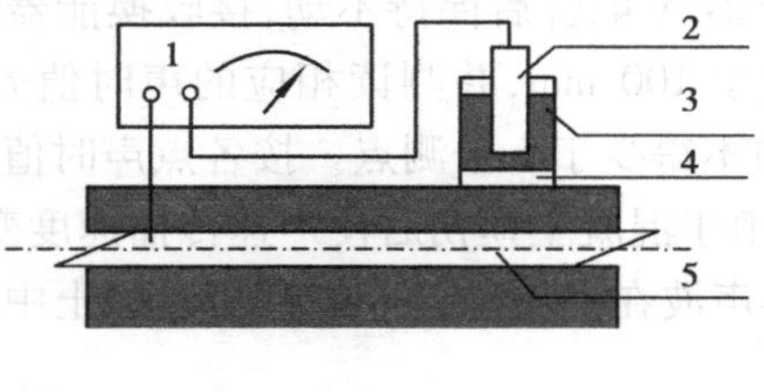

图 4.36　钢筋锈蚀测试仪原理图

1—毫伏表；2—铜棒电极；3—硫酸铜饱和溶液；4—多孔接头；5—钢筋

混凝土是碱性材料，混凝土中的钢筋形成一层钝化膜，对钢筋提供了良好的保护条件。当结构产生各种裂缝，以致氧气、水分或有害物侵入，发生电化学腐蚀现象，造成钢筋的锈蚀。另外，混凝土受碳化影响，pH 值降低，破坏混凝土对钢筋钝化保护。

混凝土中钢筋的锈蚀是一个电化学的过程。钢筋因锈蚀而在表面有腐蚀电流存在，使钢筋电位发生变化。检测时采用有铜-硫酸铜作为参考电极的半电池探头的钢筋锈蚀测量仪，用半电池电位法测量钢筋表面与探头之间的电位差，利用钢筋锈蚀程度与测量电位间建立的一定关系，可用以判断钢筋锈蚀的可能性及其锈蚀程度，如图 4.36 所示。表 4.4 为钢筋锈蚀状况的判别标准。

表 4.4　钢筋锈蚀状况的判别标准

电位水平/mV	钢筋状态
0 ~ −100	未锈蚀
−100 ~ −200	发生锈蚀的概率 <10%，可能有锈斑
−200 ~ −300	锈蚀不确定，可能有坑蚀
−300 ~ −400	发生锈蚀的概率 >90%，全面锈蚀
−400 以上（绝对值）	肯定锈蚀，严重锈蚀
如果某处相临两测点值差大于 150 mV，则电位变负的测值处判为锈蚀	

（8）冲击回波法检测混凝土内部缺陷及厚度

为了无破损地探测结构内部缺陷（空洞、剥离层、疏松层、裂缝等），目前较多使用的无破损检测方法是超声波。这是因为该法可以穿透（传播）较远距离，且安全方便。但该方法目前采用的是穿透测试，需要两个相对测试面，这就限制了它的应用范围，在诸如路面、跑道、墙体、底板、护坡、护坦及隧洞中的衬砌、喷射混凝土等结构上往往难于应用。由于采用穿透测试，不能获得表明缺陷的明确信号，只能根据许多测点测试数据的相对比较，以统计概率法来处理数据、评断缺陷，因而不够直观，而且要测量许多测点后才能作出评断。另外，这些结构往往还需要测量厚度，而现有的测量混凝土结构厚度的方法，包括超声脉冲法都还存在一些问题。

长期以来，人们一直寻求以声波反射（回波）的方法来探测混凝土内部缺陷。这种方法有以下优点：

①可单面测试，扩大应用范围；

②可获得缺陷明确的反射信号，直观，测一点即可判断一点；

③无须丈量测距，测试方便；

④可以很方便地测量结构厚度。

针对这些问题，国际上从 20 世纪 80 年代中期开始研究一种新型的无破损检测方法——

冲击反射法(Impact Echo Method)。该法是在结构表面施以微小冲击,产生应力波,当应力波在结构中传播遇到缺陷与底面时,将产生来回反射并引起结构表面微小的位移响应。接受这种响应并进行频谱分析可获得频谱图。频谱图上突出的峰就是应力波在结构表面与底面及缺陷间来回反射所形成。根据最高峰的频谱值可计算出结构厚度;根据其他频率峰可判断有无缺陷及其深度。

这种测试方法系单面反射测试,测试方便、快速、直观,且测一点即可判断一点。这种新型的检测方法可用于各类土木工程的混凝土和沥青混凝土结构的内部缺陷探测和厚度测量,而特别适合于单面结构,包括喷射混凝土的检测。国外已将冲击反射法大量用于工程实践中,如探测混凝土结构内的疏松区,路面、底板的剥离层,预应力张拉管中灌浆的孔洞层,表层裂缝深度,甚至用于探测耐火砖砌体及混凝土中钢筋锈蚀产生的膨胀等。

(9)雷达法检测技术

相对于回弹法、超声法、钻芯法、拔出法等无损检测技术,雷达法检测技术是新兴的建设工程无损检测技术。

雷达(RADAR)一词最早出现于军事,是“无线侦察与定位”的缩写,意即利用无线电波发现目标并测定其位置的设备。

雷达波是频率为 300 MHz ~ 300 GHz 的微波,属于电磁波,其真空中相应的波长为 1 m ~ 1 mm,在电磁波谱上处于远红外线至无线电短波之间。当波长远小于物体尺寸时,微波的传导和几何光学相似,即在各向同性均匀介质中具有直线传播、反射折射的性质。当波长接近物体尺寸时,微波又有近于声波的特点。

雷达法检测技术就是以微波作为传递信息的媒介,根据微波传播特性,对材料、结构和产品的性质、缺陷进行非破损检测与诊断的技术。微波对电磁衰减大的非金属材料具有较强的穿透能力,不能穿透导电性好的材料。

由于雷达波对物体的电磁特性敏感,因此其主要用途在于探测被测物的结构组成、内部缺陷等,例如市政建设中可采用雷达波技术查明地下管线(如水管、煤气管等)的分布,探测浅层的地层结构,用于高速公路、机场跑道、铁路路基、桥梁、隧道及大坝等混凝土工程的质量验收和日常维修,探测混凝土结构中的孔洞、剥离层和裂缝等缺陷损伤的位置和范围。这类探测深度可达 3 ~ 10 m,有较高的分辨率。

雷达波检测具有如下的技术特点:

①对混凝土有较强的穿透能力,可测较大深度。

②可实现非接触探测,可作实时检测,探测速度快。

③以减小波长和增大频率宽度,实现高分辨率的探测。

④微波有极化特性,可确定缺陷的形状和取向。

4.7.2　钢管混凝土质量检测

钢管混凝土系在钢管中浇灌混凝土并振捣密实,使钢管和混凝土共同受力的一种新型的复合结构材料,它具有强度高、塑性变形大、抗震性能好、施工快等优点。同钢筋混凝土的承载力相比,钢管混凝土的承载能力更为高。因而,可以节省 60% ~70% 以上的混凝土用量,缩小了混凝土构件的断面尺寸,降低了构件的自重,在施工中还可节省全部的模板用量。可见,推广钢管混凝土结构具有良好的技术经济效果。

随着钢管混凝土结构材料在工业、桥梁、台基建筑工程中推广应用,关于核心混凝土的施工质量、强度及其与钢管结合整体性等问题,已成为工程质量检查与控制迫切要解决的技术问题。结合钢管混凝土结构设计与施工部标准的编制,同济大学材料系于1984年就钢管混凝土质量和强度检测技术,采用超声脉冲方法进行了系统的探测研究,确定了检测方法的有效可行性,钢管混凝土缺陷检测已编入了CECS21:2000超声法检测混凝土缺陷技术规程中。

根据超声仪接收信号的超声声时获声速、初至波幅度、接收信号的波形和频率的变化情况,作相对比较分析,判断钢管混凝土各类质量问题。

在钢管混凝土超声检测工作中,超声波沿钢管壁传播的信号对检测信号是否有影响及影响程度,是检测人员所关注的问题,也是能否采用超声脉冲法检测钢管混凝土质量的关键问题。根据声波传播的距离及实测的结果可以归纳如下:

以对穿检测法而言,超声波沿钢管混凝土径向传播的时间 $t_{混}$ 与钢管壁半周长的传播时间 $t_{管}$ 的关系为

$$t_{管} = \frac{\pi R}{v_{管}} \qquad t_{混} = \frac{2R}{v_{混}}$$

$$t_{管} = \frac{\pi}{2} \cdot \frac{v_{混}}{v_{管}} \cdot t_{混}$$

式中 R——钢管的半径;

$v_{混}$——超声波在钢管混凝土中传播的速度;

$v_{管}$——超声波在钢管中传播的速度。

按设计规范要求,钢管混凝土的核心混凝土的设计强度为C30,实测结构,其超声声速约为4 400 m/s,而钢管的超声声速约为5 300 m/s,即

$$t_{管} = 1.3 t_{混}$$

按钢管混凝土径向传播超声声时等于沿钢管壁半周长传播的声时,即

$$\frac{2R}{v_{混}} = \frac{\pi R}{5\ 300} \qquad v_{混} \approx 3\ 400\ \text{m/s}$$

而在整个模拟各种缺陷试验过程所测得的超声波速均大于3 400 m/s,证明检测时超声波为直接穿透钢管混凝土的,而按 $v_{混}$ 为4 300 m/s、4 200 m/s计算,则 $t_{管}$ 分别为 $1.27t_{混}$ 与 $1.24t_{混}$。

声通路将主要取决于核心混凝土的探测距离,而超声波收、发换能器接触的两层钢管壁厚相对于钢管混凝土直径的测距是很短的,对“声时”检测的影响不会比钢筋混凝土中垂直声通路排置钢筋的影响大。通过核心混凝土和钢管混凝土穿透对测的比较,钢管壁对钢管混凝土缺陷检测的声时影响很小,“测缺”时,声时变化以相对比较,一般可以采用钢管外径作为超声对测的传播测距考虑。

4.7.3 红外成像无损检测技术

运用红外热像仪探测物体各部分辐射红外线能量,根据物体表面的温度场分布状况所形成的热像图,直观地显示材料、结构物及其结合上存在不连续缺陷的检测技术,称为红外成像检测技术。它是非接触的无损检测技术,即在技术上可作上下、左右对被测物非接触的连续扫测,也称红外扫描测试技术。

显然,红外成像无损检测技术是依据被测物连续辐射红外线的物理现象,非接触式不破坏被测物体,已经成为国内外无损检测技术的重要分支,特别是它具有对不同温度场、广视域的快速扫测和遥感检测的功能,因而,对已有的无损检测技术功能和效果具有很好的互补性。

在自然界中,任何高于绝对温度零度(-273 ℃)的物体都是红外辐射源,由于红外线是辐射波,被测物具有辐射的现象,所以红外无损检测是测量通过物体的热量和热流来鉴定该物体质量的一种方法。当物体内部存在裂缝和缺陷时,它将改变物体的热传导,使物体表面温度分部产生差别,利用红外成像的检测仪测量它的不同热辐射时,可以查出物体的缺陷位置。

自然光照或自然热流在注入物体时其注入强度是均匀的。对无缺陷的物体,经反射或物体热传导后,正面和背面的表层温度场分布基本上是均匀的;如果物体内部存在缺陷,将使缺陷处的温度分部产生变化,对于隔热性的缺陷,正面检测方式,缺陷处因热量堆积将呈现"热点",背面检测方式,缺陷处将呈现低温点;而对于导热性的缺陷,正面检测方式,缺陷处的温度将呈现低温点,背面检测方式,缺陷处的温度将呈现"热点",因此,采用热红外测试技术,可较形象地检测出材料的内部缺陷和均匀性。前一种检测方式,常用于检查壁板、夹层结构的胶结质量,检测复合材料脱粘缺陷和面砖粘贴的质量等;后一种检测方式可用于房屋门窗、冷库、管道保温隔热性质的检查等。

4.7.4 钢结构现场检测

(1)钢材强度测定

对已建钢结构鉴定时,检查钢结构材质是很重要的测定内容。为了解结构钢材的力学性能,特别是钢材的强度,最理想的方法是在结构上截取试样,由拉伸试验确定相应的强度指标。但这同样会损伤结构,影响结构的正常工作,并需要进行补强。一般采用表面硬度法间接推断钢材强度。

表面硬度法主要是利用布氏硬度计测定。根据硬度计端部的钢珠在钢材表面和在已知硬度的标准试样上压痕的直径来测得钢材的硬度,并由钢材硬度与强度的相关关系,经换算得到钢材的强度,即

$$H_B = H_S \frac{D - \sqrt{D^2 - d_S}}{D - \sqrt{D^2 - d_B}}, \qquad f = 3.6H_B \ \mathrm{N/mm^2}$$

式中 H_B,H_S——钢材和标准试件的布氏硬度;

d_B,d_S——硬度计钢珠在钢材和标准试件上的凹痕直径;

D——硬度计钢珠直径;

f——钢材的极限强度。

测定钢材的极限强度f后,可依据同种材料的屈强比计算得到钢材的屈服强度。

(2)超声法检测钢材和焊缝缺陷

超声法检测钢材和焊缝缺陷的工作原理与检测混凝土内部缺陷相同,试验时较多采用脉冲反射法。超声波脉冲经换能器发射进入被测材料传播时,当通过材料不同界面(构件材料表面、内部缺陷和构件底面)时,会产生部分反射。在超声波探伤仪的示波屏幕上分别显示出

各界面的反射波及其相对的位置，如图4.37所示。根据缺陷反射波与起始脉冲和底面脉冲的相对距离可确定缺陷在构件内的相对位置。如材料完好内部无缺陷时，则显示屏上只有起始脉冲和底脉冲，不出现缺陷反射波。

进行焊缝内部缺陷检测时，换能器常采用斜向探头。如图4.38所示用三角形标准试块经比较法来确定内部缺陷的位置。

①标定换能器　利用三角形标准试块，在试块的α角度与斜向换能器超声波和折射角度相同的前提下，根据公式$l = L\sin^2\alpha$建立l和L的一一对应关系。

②记录l值　当在构件焊缝内探测到缺陷时，记录换能器在构件上的位置l。

③判断缺陷位置　根据l和L的对应关系，确定换能器在三角形标准试块上的位置L，并可按公式$h = L\sin\alpha\cdot\cos\alpha$确定缺陷的深度$h$。

超声法检测比其他方法（如磁粉探伤、射线探伤等）更有利于现场检测。

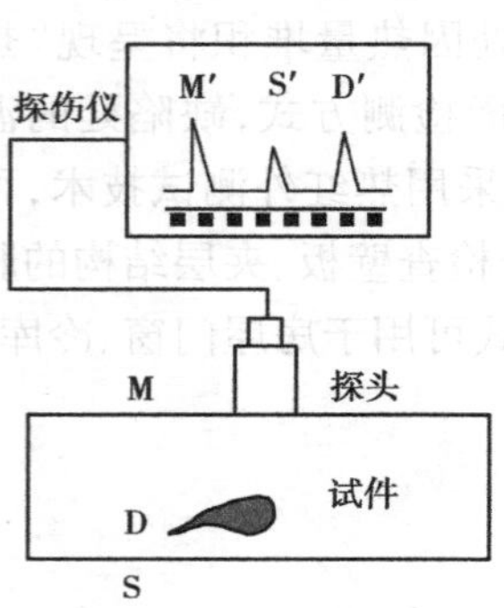

图4.37　脉冲反射法探伤示意图

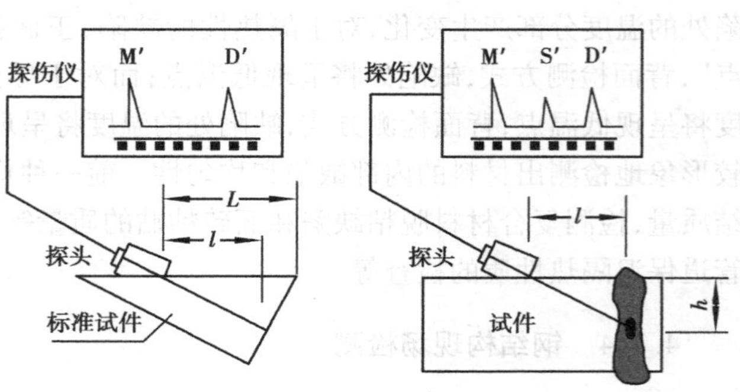

图4.38　斜向探头测缺陷位置

由于钢材密度比混凝土大得多，为了能够检测钢材或焊缝较小的缺陷，要求选用比混凝土检测时的工作频率高的超声频率，常用工作频率为0.5～2 MHz。

4.7.5　砌体结构现场检测

砖砌结构的砌体强度由组成砌体的砖块和砂浆的材料强度或施工时制作的砌体试块的强度来决定。这对于已建结构的性能鉴定会带来一定的困难，传统的方法是直接从砌体结构上截取试样进行抗压试验，但由于砖砌结构的特点使直接取样存在着较大的困难，主要是取样时的扰动会对试样产生较大的损伤，影响试验结果。因此与混凝土结构一样，砖砌结构的现场原位非破损或半破损试验方法也日益受到人们的重视，研究工作广泛开展，并开始在实际工程中应用。

(1)砖砌体强度的间接测定法

砖砌体强度与砂浆和砖块的强度有关。按照《砌体结构设计规范》规定，由砂浆强度等级和砖块强度等级可确定砖砌体的抗压强度，由砂浆强度等级可确定砌体沿灰缝截面破坏时的抗拉、抗弯和抗剪强度，由砖块强度等级可确定砌体沿块体截面破坏时的轴心抗拉和抗弯强度。间接测定法就是使用专门的仪器和专门的测试方法量测砂浆或砖块的某一项强度指标，或是与材料强度有关的某一物理参数，并由此间接判定砌体强度。

1）回弹法

回弹法检测砖块和砂浆强度的基本原理与混凝土强度检测的回弹法相同。采用专门的

HT-75 型砖块回弹仪和 HT-20 型砂浆回弹仪分别量测砌体内砖块和砂浆的回弹值，由砖块和砂浆材料试块强度和回弹值建立相关关系方程。测试时在砌体试样选择测区，确定测点，由各测点回弹统计值评定砖块和砂浆的强度，并由此间接判定砌体强度。

与回弹法测定混凝土强度一样，砖块含水率、使用龄期、原材料品种和制砖工艺以及被测砖块所受竖向压力、砂浆的干湿度、表面平整度和碳化深度等均为影响砖块和砂浆回弹值的主要因素，测试时必须加以考虑并作修正。

2）推出法

推出法是利用特制的加载装置对砖砌体中被选定的某一顶砖施加水平推力，把被试砖块从原位推出，其极限推力实质上反映了砂浆的抗剪强度。利用砂浆抗剪强度与砂浆试块立方强度之间的相关关系，可由极限推力值按公式 $f=AF^B$ 推算砂浆的抗压强度。式中 f 为砂浆的抗压强度；F 为极限推力；A，B 为回归系数。

试验中要考虑不同材料品种、砂浆饱满度、砌体含水率等因素对测定结果的影响。

此外超声法、回弹超声综合法等各种非破损方法也已在砖砌结构的强度检测中得到应用，但由于影响因素很多，往往使测试结果不很理想，因此在使用上受到限制。

3）其他方法

冲击法、筒压法、砂浆片剪切法、点荷法、射钉法，等等。

（2）砖砌体原位轴心抗压强度测定法

砖砌结构强度除了受砖块砂浆等材料强度的影响外，施工工艺对砌体强度的影响也是一项不可忽视的重要因素。这些因素的影响，较多地采用砌体原位抗压强度测定法测定。

1）原位轴压法

扁顶法的试验荷载是由测试范围以上的结构自重来平衡，若结构自重不能平衡试验荷载时，则可用原位轴压法进行结构试验。

原位轴压法的试验装置是在扁顶法的基础上采用了自平衡反力架。测试时先开水平槽，在槽内安装扁式加载器，并用自平衡反力架固定。通过加载系统对试件分级加载，直到试件受压开裂破坏，求得砌体的极限抗压强度。

扁顶法与原位轴压法在原理上是完全相同的，都是在砌体内直接抽样，测得破坏荷载，并按公式 $f=K\cdot F/A$ 计算砌体轴心抗压强度，式中 K 为对应于标准试件的强度换算系数；f 为砌体轴心抗压强度；F 为试样的截面尺寸。

在上述两种试验方法中，影响轴压强度测试结果的主要因素是试样上部压应力 σ_0 和两侧砌体对被测试样的约束。上述公式中的系数 K 是对试验结果进行的修正，它是上部压应力 σ_0 的函数即 $K=a+b\sigma_0$，式中系数 a，b 可通过试验统计得到。

现场实测时试体的大小，对于 240 mm 墙体，宽度为 240 mm，高度为 420 mm（约 7 匹砖）；对于 370 mm 墙体，宽度为 240 mm，高度为 480 mm（约 8 匹砖）。

砌体原位轴心抗压强度测定法是对结构在原始状态下进行检测，砌体不受扰动，所以它可以全面考虑砖材和砂浆变异及砌筑质量等对砌体抗压强度的影响，这对于结构改建、抗震修复加固、灾害事故分析以及对已建砌体结构的可靠性评定等尤为适用。

这种方法以局部破损应力作为砌体强度的推算依据，结果较为可靠，对砌体所造成的局部损伤易于修复。

2）原位剪切法

原位剪切又分原位单面剪切和原位单砖双面剪切两种方法。原位单面剪切测试的部位大多选择在窗口或洞口下三匹砖范围内，两面开槽，形成一独立小柱体，将水平推力装置放在小柱体一侧的槽内，以墙体为反力架，使小柱体承受水平方向的推力。试验受力如图4.39所示。

原位单砖双面剪切是在砌体中间选择一页砖，将端头的灰缝掏开，把水平推力装置放在这一页砖的一侧，以墙体为反力架，使砖承受水平方向的推力。试验受力如图4.40所示。

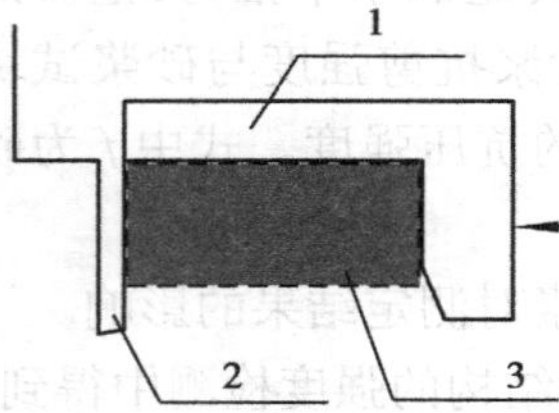

图4.39　原位单面剪切装置示意图
1—现浇混凝土传力件；
2—槽；3—试件

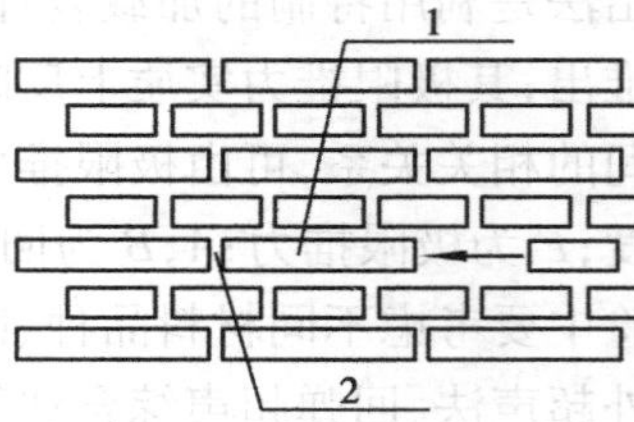

图4.40　原位单砖双面剪切装置示意图
1—试件；2—掏空的灰缝

习　题

4.1　衡量仪器性能的主要指标有哪些？

4.2　电阻应变片的工作原理是什么？

4.3　测力计的一般原理是什么？

4.4　有一钢筋混凝土梁用集中荷载进行鉴定性检测，当荷载 $P=40$ kN 时，位移计数 $\Delta u_l=0.02$ mm，$\Delta u_r=0.04$ mm，$\Delta u_m=1.30$ mm；当荷载 P 达到正常使用短期荷载检测值时，位移计数读数 $\Delta u_l=0.10$ mm，$u_r=0.12$ mm，$\Delta u_m=10.16$ mm。已知测点偏离支座轴线 9 cm，试件跨度 $L=3$ m，自重 0.5 kN/m，求加载量为正常使用短期荷载检测值时的跨中实测挠度(11.11 mm)。

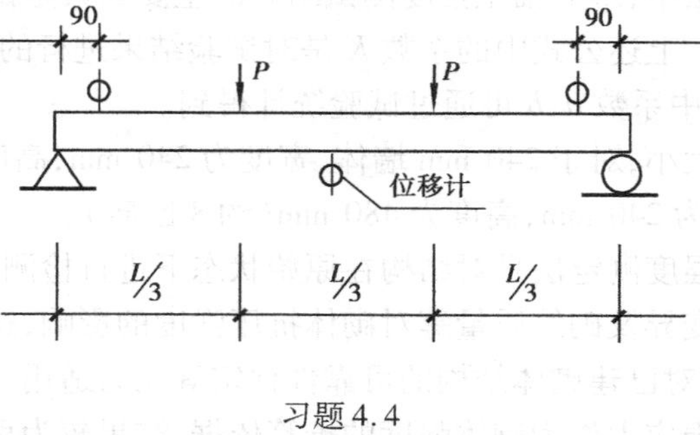

习题4.4

4.5　对图示结构布置适当的应变测点测量内力，用符号"—"表示应变片。

4.6　回弹法检测混凝土设计强度的技术要点有哪些？

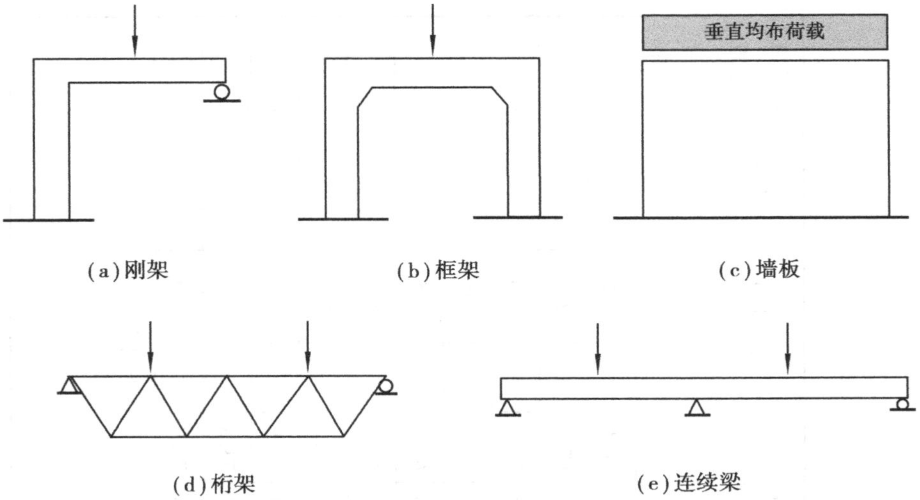

习题 4.5

4.7　有一构件的混凝土设计强度等级是 C18，自然养护 1 个月，由于试块丢失，现采用回弹法评定混凝土强度(水平回弹浇灌侧面)，若测试的原始数据如下表，问该试件的混凝土强度是否达到设计要求？(22.8 MPa)

习题 4.7 表

测区	回弹值																碳化深度
1	34	35	34	35	35	35	34	29	35	29	35	36	31	34	34	36	3.0
2	36	43	41	39	39	37	40	37	43	35	35	37	36	38	43	35	3.5
3	38	39	39	33	41	40	34	38	38	34	35	35	35	37	33	41	3.5
4	36	35	35	37	29	30	36	37	36	35	36	30	35	35	37	29	4.0
5	39	35	40	33	40	36	39	38	37	37	39	35	42	40	33	40	3.0
6	37	36	39	33	38	34	36	39	40	35	33	34	39	39	33	38	3.0
7	44	41	43	39	43	41	45	41	42	39	41	44	44	43	39	43	3.0
8	37	39	43	41	38	41	43	45	45	44	42	40	42	43	41	38	3.0
9	38	44	43	42	44	36	41	41	40	42	41	40	45	43	42	44	3.5
10	41	43	41	39	37	44	41	43	40	45	41	43	41	41	39	37	3.0

4.8　超声-回弹综合法检测混凝土强度的基本原理是什么？技术要点有哪些？

4.9　某住宅楼的钢筋混凝土梁，粗骨料为碎石，因对混凝土施工质量有疑义，故采用综合法评定其强度，原始记录如习题 4.9 表，问该试件的混凝土强度推定值是多少？(6.2 MPa)

4.10　用脉冲反射式纵波探伤法对一截面高 10 cm 的钢试件探伤，当探头移至某一部位时，量得荧光屏上始脉冲与底脉冲的间距为 10 个单位，伤脉冲与底脉冲的间距为 3 个单位，问探头至缺陷的距离是多少？(7 cm)

习题 4.9 表　钢筋混凝土梁检测原始记录表

编号＼项目		回弹值 R_i																平均回弹值	超声声时值 $t_i/\mu s$				测距 L /mm	声速 v /(km·s^{-1})	换算强度 $f^{c}_{cu,I}$ /Mpa
构件	测区	1	2	3	4	5	6	7	8	9	10	11	12	13	14	15	16	R_m	1	2	3	t_m			
	1	23	24	28	38	26	36	28	33	27	24	25	22	29	27	30	28		66.4	66.8	66.6		235		
	2	24	22	30	31	23	27	28	28	28	26	28	28	32	30	21	36		67.2	67.0	67.7		235		
	3	26	25	28	26	23	30	26	26	26	22	26	30	26	29	30	25		73.6	73.6	73.6		240		
	4	25	22	26	20	20	22	23	28	29	35	29	24	25	21	23	25		67.9	68	69		235		
	5	17	23	28	26	18	20	20	34	36	26	24	34	22	26	28	30		67	66.8	61.8		235		
	6	22	23	27	30	24	26	24	22	20	28	29	24	30	24	22	25		74.6	75	75.7		240		
	7	25	20	26	34	22	22	20	27	20	27	26	36	26	20	30	34		68	68	69.8		235		
	8	24	25	20	20	18	22	21	21	20	25	24	22	22	21	20	22		75.4	75.4	75.9		240		
	9	18	21	30	28	21	21	23	22	22	18	20	21	20	20	29	21		73.2	73.8	73.8		240		
	10	20	20	24	28	22	20	22	22	20	21	22	23	18	22	23	23		78	77.8	77.9		240		
测试面		侧面、风干								测试角度			水平						测试方法		对测、平测				
混凝土强度的推定值 $f_{cu,e}$/Mpa																									

1

第 5 章 建筑结构试验数据处理基础

5.1 概　述

将试验得到的数据进行整理换算、统计分析和归纳演绎，以得到代表结构性能的公式、图像、表格、数学模型和数值等的过程称为数据处理。采集得到的数据是数据处理过程的原始数据。例如，把位移传感器测得的应变换算成位移，把应变片测得的应变换算成应力，由测得的位移计算挠度，由结构的变形和荷载的关系可得到结构的屈服点、延性和恢复力模型等，对原始数据进行统计分析可以得到平均值等统计特征值，对动态信号进行变换处理可以得到结构的自振频率等动力特性等。

结构试验时采集得到的原始数据量大并有误差，有时杂乱无章，有时甚至有错误，所以，必须对原始数据进行处理，才能得到可靠的试验结果。

数据处理的内容和步骤：

①数据的整理和换算；

②数据的误差分析；

③数据的表达。

5.2 数据整理和换算

将剔除不可靠或不可信数值和统一数据精度的过程称为试验数据的整理。把整理后的试验数据通过基础理论来计算另一物理量的过程称为试验数据的换算。

在数据采集时，由于各种原因，会得到一些完全错误的数据。例如，仪器参数设置错误造成数据出错，人工读、记错误造成数据出错，环境因素造成的数据失真，测量仪器的缺陷或布置错误造成数据出错，测量过程受到干扰造成数据出错等等。这些数据错误中的部分错误可以通过复核仪器参数等方法进行整理，加以改正。

试验采集到的数据有时杂乱无章，如不同仪器得到的数据位数长短不一，应该根据试验要

求和测量精度,按照国家《数值修约规则》标准的规定进行修约。数据修约应按下面的规则进行:

①四舍五入,即拟舍数位的数字小于5时舍去,大于5时进1,等于5时,若所保留的末位数字为奇数则进1,为偶数则舍弃。

②负数修约时,先将它的绝对值按上述规则修约,然后在修约值前面加上负号。

③拟修约数值应在确定修约位数后一次性修约获得结果,不得多次连续修约。例如,将15.454 6修约到1,正确的做法为15.454 6→15,错误的做法为15.454 6→15.455→15.46→15.5→16。

经过整理的数据还需要进行换算,才能得到所要求的物理量,如把应变仪测得的应变换算成相应的位移、转角、应力等。数据换算应以相应的理论知识为依据进行,这里不再赘述。

由试验数据经过换算得到的数据不是理论数据,而仍是试验数据。

5.3 数据误差分析

5.3.1 统计分析的概念

数据处理时,统计分析是一种常用的方法,可以用统计分析从很多数据中找到一个或若干个代表值,也可以通过统计分析对试验的误差进行分析。以下介绍常用的统计分析的概念和计算方法。

(1)平均值

平均值有算术平均值、几何平均值和加权平均值等,按以下公式计算:

1)算术平均值 $\bar{x}$

$$\bar{x} = \frac{1}{n}(x_1 + x_2 + \cdots + x_n) \tag{5.1}$$

试验数据的算术平均值在最小二乘法意义下是所求真值的最佳近似值,是最常用的一种平均值。

2)几何平均值 $\bar{x}_a$

$$\bar{x}_a = \sqrt[n]{x_1 \cdot x_2 \cdot \cdots \cdot x_n} \text{ 或 } \lg \bar{x}_a = \frac{1}{n}\sum_{i=1}^{n} \lg x_i \tag{5.2}$$

当一组试验值 x_i 取常用对数($\lg x_i$)后所得曲线比 x_i 的曲线更为对称时,常用此法计算数据的平均值。

3)加权平均值 $\bar{x}_w$

$$\bar{x}_w = \frac{w_1x_1 + w_2x_2 + \cdots + w_nx_n}{w_1 + w_2 + \cdots + w_n} \tag{5.3}$$

式中 w_i 是第 i 个试验值 x_i 所对应的权重,在计算用不同方法或不同条件观测的同一物理量的均值时,可以对不同可靠程度的数据给予不同的“权”。

(2)标准差

对一组试验值 $x_1, x_2, \cdots, x_n$,当它们的可靠程度相同时,其标准差 σ 为

$$\sigma = \sqrt{\frac{1}{(n-1)}\sum_{i=1}^{n}(x_i-\bar{x})^2} \tag{5.4}$$

当它们的可靠程度不同时,其标准差 σ_w 为

$$\sigma_w = \sqrt{\frac{1}{(n-1)\sum_{i=1}^{n}w_i}\times\sum_{i=1}^{n}w_i(x_i-\bar{x}_w)^2} \tag{5.5}$$

标准差反映了一组试验值在平均值附近的分散和偏离程度,标准差越大表示分散和偏离程度越大,反之则越小。它对一组试验值中的较大偏差反映比较敏感。

(3)变异系数

变异系数 C_v 通常用来衡量数据的相对偏差程度,它的定义为

$$C_v = \frac{\sigma}{\bar{x}} \text{ 或 } C_v = \frac{\sigma_w}{\bar{x}_w} \tag{5.6}$$

式中,$\bar{x}$ 和 $\bar{x}_w$ 为平均值,σ 和 σ_w 为标准差。

(4)随机变量和概率分布

结构试验的误差及结构材料等许多试验数据都是随机变量,随机变量既有分散性和不确定性,又有规律性。对随机变量,应该用概率的方法来研究,即对随机变量进行大量的测量,对其进行统计分析,从中演绎归纳出随机变量的统计规律及概率分布。

为了对随机变量进行统计分析,得到它的分布函数,需要进行大量测试,由测量值的频率分布图来估计其概率分布。绘制频率分布图的步骤如下:

①按观测次序记录数据;

②按由小至大的次序重新排列数据;

③划分区间,将数据分组;

④计算各区间数据出现的次数、频率和累计频率;

⑤绘制频率直方图及累积频率图,如图5.1所示。

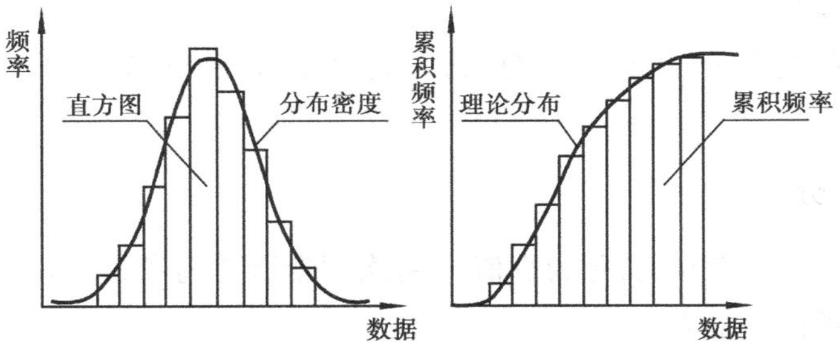

图5.1 频率直方图和累计频率图

可将频率分布近似作为概率分布(概率是当测试次数趋于无穷大的各组频率),并由此推断试验结果服从何种概率分布。

正态分布是最常用的描述随机变量概率分布的函数,由高斯(Gauss. K. F.)在1795年提出,所以又称为高斯分布。试验测量中的偶然误差,近似服从正态分布。

正态分布 $N(\mu,\sigma^2)$ 概率密度分布函数为

$$P_N(x) = \frac{1}{\sqrt{2\pi} \cdot \sigma} e^{-\frac{(x-\mu)^2}{2a^2}} \quad (-\infty < x < \infty) \tag{5.7}$$

其分布函数为：

$$N(x) = \frac{1}{\sqrt{2\pi} \cdot \sigma} \int_{-\infty}^{x} e^{-\frac{(t-\mu)^2}{2a^2}} \cdot dt \tag{5.8}$$

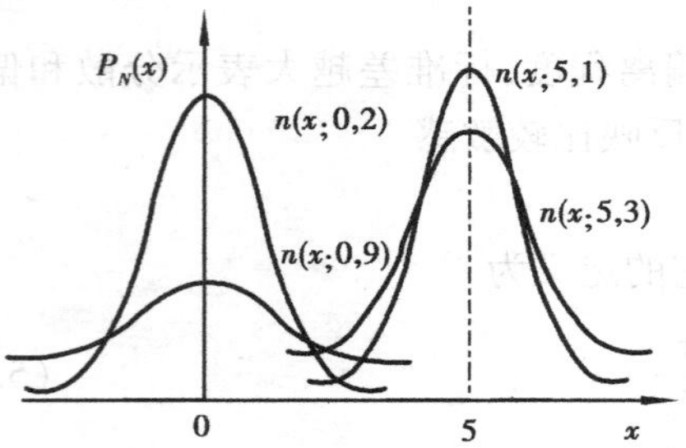

图 5.2　正态分布密度函数图

式中，μ 为均值，σ^2 为方差，它们是正态分布的两个特征参数。对满足正态分布的曲线簇，只要参数 μ 和 σ 已知，曲线就可以确定。图 5.2 所示为不同参数和正态分布密度函数，从中可以看出：

①$P_N(x)$ 在 $x=\mu$ 处达到最大值，μ 表示随机变量分布的集中位置。

②$P_N(x)$ 在 $x=\mu \pm \sigma$ 处曲线有拐点。σ 值越小 $P_N(x)$ 曲线的最大值就越大，并且降落得越快，所以 σ 表示随机变量分布的分散程度。

③若把 $x-\mu$ 称作偏差，可见小偏差出现的概率较大，大偏差出现的概率小。

④$P_N(x)$ 曲线关于 $x=\mu$ 是对称的，即大小相同的正负偏差出现的概率相同。

$\mu=0, \sigma=1$ 的正态分布称为标准正态分布，它的概率密度分布函数和概率分布函数如下：

$$P_N(t;0,1) = \frac{1}{\sqrt{2\pi}} \cdot e^{-\frac{t^2}{2}} \tag{5.9}$$

$$N(t;0,1) = \frac{1}{\sqrt{2\pi}} \int_{\infty}^{t} e^{-\frac{\mu^2}{2}} du \tag{5.10}$$

标准正态分布函数值可以从有关表格中取得。对于非标准的正态分布 $P_N(x;\mu,\sigma)$ 和 $N(x;\mu,\sigma)$ 可先将函数标准化，用 $t=\frac{x-\mu}{\sigma}$ 进行变量代换，然后从标准正态分布表中查取 $N(\frac{x-\mu}{\sigma};0,1)$ 的函数值。

其他几种常用的概率分布有：二项分布，均匀分布，瑞利分布，x^2 分布，t 分布以及 F 分布等。

5.3.2　误差的分类

被测对象的值是客观存在的，称为真值 x，每次测量所得的值 $x_i(i=1,2,3,\cdots,n)$ 称为测试值。真值和测试值的差值为

$$\alpha_i = x_i - x \quad (i=1,2,3,\cdots,n) \tag{5.11}$$

称为测量误差，简称为误差，实际试验中，真值无法测试，常用平均值来代表。由于各种主观和客观的原因，任何测量数据不可避免地都包含一定程度的误差。只有了解了试验误差的范围，才有可能正确估价试验所得到的结果。同时，对试验误差进行分析将有助于在试验中控制和减少误差的产生。

根据误差产生的原因和性质，可以将误差分为系统误差、随机误差和过失误差三类。

(1) 系统误差

系统误差是由某些固定原因所造成的，其特点是在整个测量过程中始终有规律地存在着，

其绝对值和符号保持不变或按某一规律变化。系统误差的来源有:方法误差、工具误差、环境误差、操作误差和主观误差等。

系统误差的大小可以用准确度表示,准确度高表示测量的系统误差小。查明系统误差的原因,找出其变化规律,就可以在测量中采取措施减小误差,或在数据处理时对测量结果进行修正。

(2)随机误差

随机误差是由一些随机的偶然因素造成的,它的绝对值和符号变化无常;但如果进行大量的测量,可以发现随机误差的数值分布符合一定的统计规律,一般认为其服从正态分布。随机误差有以下特点:

①误差的绝对值不会超过一定的界线;

②小误差比大误差出现的次数多,近于零的误差出现的次数最多;

③绝对值相等的正误差与负误差出现的次数几乎相等;

④误差的算术平均值,随着测量次数的增加而趋向于零。

另外要注意,在实际试验中,往往很难区分随机误差和系统误差,因此许多误差都是这两类误差的组合。

随机误差的大小可以用精密度表示,精密度高表示测量的随机误差小。对随机误差进行统计分析,或增加测量次数,找出其统计特征值,就可以在数据处理时对测量结果进行修正。

(3)过失误差

过失误差是由于试验人员粗心大意,不按操作规程办事等原因造成的误差。

5.3.3　误差计算

对误差进行统计分析时,同样需要计算三个重要的统计特征值即算术平均值、标准误差和变异系数。如进行了 n 次测量,得到 n 个测量值 x_i,则有 n 个测量误差 $a_i(i=1,2,3,\cdots,n)$,误差的平均值为

$$\bar{a} = \frac{1}{n}(a_1 + a_2 + \cdots + a_n) \tag{5.12}$$

式中,$a_i = x_i - \bar{x}$,其中,$\bar{x} = \frac{1}{n}\sum_{i=1}^{n} x_i$

误差的标准值为

$$\sigma = \sqrt{\frac{1}{n-1}\sum_{i=1}^{n} a_i^2} \tag{5.13}$$

变异系数为

$$c_v = \frac{\sigma}{\bar{a}} \tag{5.14}$$

5.3.4　误差传递

在对试验结果进行数据处理时,常常需要若干个直接测量值计算某一些物理量的值,它们之间的关系可以用下面的函数形式表示,即

$$y = f(x_1, x_2, \cdots, x_m) \tag{5.15}$$

式中，$x_i(i=1,2,\cdots,m)$为直接测量值，y为所要计算的物理量。若直接测量值的x_i最大绝对误差为$\Delta x_i(i=1,2,\cdots,m)$，则$y$的最大绝对误差$\Delta y$和最大相对误差$\delta y$分别为

$$\Delta y = \left|\frac{\partial f}{\partial x_1}\right|\Delta x_1 + \left|\frac{\partial f}{\partial x_2}\right|\Delta x_2 + \cdots + \left|\frac{\partial f}{\partial x_m}\right|\Delta x_m \tag{5.16}$$

$$\delta y = \frac{\Delta y}{|y|} = \left|\frac{\partial f}{\partial x_1}\right|\frac{\Delta x_1}{|y|} + \left|\frac{\partial f}{\partial x_2}\right|\frac{\Delta x_2}{|y|} + \cdots + \left|\frac{\partial f}{\partial x_m}\right|\frac{\Delta x_m}{|y|} \tag{5.17}$$

对一些常用的函数形式，可以得到以下关于误差估计的实用公式：

①代数和

$$\Delta y = \Delta x_1 + \Delta x_2 + \cdots + \Delta x_m \text{ 而 } \delta y = \frac{\Delta y}{|y|} = \frac{\Delta x_1 + \Delta x_2 + \cdots + \Delta x_m}{|x_1 + x_2 + \cdots + x_m|}$$

②乘法

$$\Delta y = |x_2|\Delta x_1 + |x_1|\Delta x_2 \text{ 而 } \delta y = \frac{\Delta y}{|y|} = \frac{\Delta x_1}{|x_1|} + \frac{\Delta x_2}{|x_2|}$$

③除法

$$\Delta y = \left|\frac{1}{x_2}\right|\Delta x_1 + \left|\frac{x_1}{x_2^2}\right|\Delta x_2 \text{ 而 } \delta y = \frac{\Delta y}{|y|} = \frac{\Delta x_1}{|x_1|} + \frac{\Delta x_2}{|x_2|}$$

④幂函数

$$\Delta y = |\alpha \cdot x^{\alpha-1}|\Delta x \text{ 而 } \delta y = \frac{\Delta y}{|y|} = \left|\frac{\alpha}{x}\right|\Delta x$$

⑤对数

$$\Delta y = \left|\frac{1}{x}\right|\Delta x \text{ 而 } \delta y = \frac{\Delta y}{|y|} = \frac{\Delta x}{|x \ln x|}$$

如$x_1,x_2,\cdots,x_m$为随机变量，它们各自的标准误差为$\sigma_1,\sigma_2,\cdots,\sigma_m$，令$y=f(x_1,x_2,\cdots,x_m)$为随机变量的函数，则$y$的标准误差$\sigma$为

$$\sigma = \sqrt{\left(\frac{\partial f}{\partial x_1}\right)^2\sigma_1^2 + \left(\frac{\partial f}{\partial x_2}\right)^2\sigma_2^2 + \cdots + \left(\frac{\partial f}{\partial x_m}\right)^2\sigma_m^2} \tag{5.18}$$

5.3.5 误差的检验

实际试验中，系统误差、随机误差和过失误差是同时存在的，试验误差是这三种误差的组合。通过对误差进行检验，尽可能地消除系统误差，剔除过失误差，才能使试验数据反映事实。

(1)系统误差的发现和消除

系统误差由于产生的原因较多、较复杂，所以，系统误差不容易被发现，它的规律难以掌握，也难以全部消除它的影响，从数值上看，常见的系统误差有“固定的系统误差”和“变化的系统误差”两类。

固定的系统误差是在整个测量数据中始终存在着的一个数值大小、符号保持不变的偏差。固定的系统误差往往不能通过在同一条件下的多次重复测量来发现，只有用几种不同的测量方法或同时用几种测量工具进行测量比较，才能发现其原因和规律，并加以消除。

变化的系统误差可分为积累变化、周期性变化和按复杂规律变化三种。

当测量次数相当多时，如率定传感器时，可从偏差的频率直方图来判别；如偏差的频率直方图和正态分布曲线相差甚远，即可判断测量数据中存在着系统误差，因为随机误差的分布规

律服从正态分布。

当测量次数不够多时，可将测量数据的偏差按测量先后次序依次排列，如其数值大小基本上作有规律地向一个方向变化（增大或减小），即可判断测量数据是有积累的系统误差；如将前一半的偏差之和与后一半的偏差之和相减，若两者之差不为零或不近似为零，也可判断测量数据是有积累的系统误差，将测量数据的偏差按测量先后次序依次排列；如其符号基本上作有规律的交替变化，即可认为测量数据中有周期性变化的系统误差。对变化规律复杂的系统误差，可按其变化的现象，进行各种试探性的修正，来寻找其规律和原因；也可改变或调整测量方法，如用其他的测量工具，来减少或消除这一类的系统误差。

(2)随机误差

通常认为随机误差服从正态分布，它的分布密度函数为

$$y = \frac{1}{\sqrt{2\pi} \cdot \sigma} \cdot e^{-\frac{(x_i - x)^2}{2\sigma^2}} \tag{5.19}$$

式中：$x_i - x$ 为随机误差，x_i 为减去其他误差后的实测值，x 为真值。实际试验时，常用 $x_i - \bar{x}$ 代替 $x_i - x$，$\bar{x}$ 为平均值即近似的真值。随机误差有以下特点：

①在一定测量条件下，误差的绝对值不会超过某一极限；

②小误差出现的概率比大误差出现概率大，零误差出现的概率最大；

③绝对值相等的正误差与负误差出现的概率相等；

④同条件下对同一量进行测量，其误差的算术平均值随着测量次数 n 的无限增加而趋向于零，即误差算术平均值的极限为零。

参照前面的正态分布的概率密度函数曲线图，标准误差 σ 越大，曲线越平坦，误差值分布越分散，精密度越低；σ 越小，曲线越陡，误差值分布越集中，精密度越高。

误差落在某一区间内的概率 $P(|x_i - x| \cdot \alpha_t)$ 见表 5.1。

表 5.1　与某一误差范围对应的概率

误差限 $\sigma \cdot \alpha_t$	0.32	0.67	1.00	1.15	1.96	2.00	2.58	3.00
概率 $P/\%$	25	50	68	75	95	95.4	99	99.7

在一般情况下，99.7% 的概率可以认为是代表测量次数的全体，因而将 3σ 称为极限误差；当某一测量数据的误差绝对值大于 3σ 时，即可认为测量数据已属于不正常数据。

(3)异常数据的舍弃

在测量中，有时会遇到个别测量值的误差较大，并且难以对其合理解释，这些个别数据就是所谓的异常数据，应该把它们从试验数据中剔除，通常认为其中包含有过失误差。

根据误差的统计规律，绝对值越大的随机误差，其出现的概率越小；随机误差的绝对值不会超过某一范围。因此可以选择一个范围来对各个数据进行鉴别，如果某处数据的偏差超出此范围，则认为该数据中包含有过失误差，应予以剔除。常用的判别范围和鉴别方法如下：

1）3σ 方法

由于随机误差服从正态分布，误差绝对值大于 3σ 的测试数据出现的概率仅为 0.3%，即 370 多次才可能出现一次。因此，当某个数据的误差绝对值大于 3σ 时，应剔除该数据。

实际试验中，可用样本误差代替总体误差，σ 按式（6.13）进行计算。

2)肖维纳(Chauvenet)方法

进行 n 次测量,误差服从正态分布,当误差出现的概率小于 0.5 次时,可以根据概率 $1/2n$ 设定的判别误差的范围 $[-\alpha\cdot\sigma, +\alpha\cdot\sigma]$,来计算测量值的鉴别值,当某一测量数据的绝对值大于鉴别值即误差出现的概率小于 $1/2n$ 时,就剔除该数据。判别范围由下式设定:

$$\frac{1}{2n} = 1 - \int_{-\alpha}^{\alpha}\frac{1}{\sqrt{2\pi}}e^{-\frac{t^2}{2}}\cdot dt \tag{5.20}$$

3)格拉布斯(Grubbs)方法

格拉布斯方法是以 t 分布为基础,根据数理统计按危险率 α(指剔错的概率,在工程问题中置信度一般取 95%,$\alpha=5\%$ 和 99%,$\alpha=1\%$ 两种)和子样容量 n(即测量次数 n)求得临界值 $T_0(n,\alpha)$,若某个测量数据 x_i 的误差绝对值满足下式时

$$|x_i - \bar{x}| > T_0(n,\alpha)\cdot s \tag{5.21}$$

即应剔除该数据,上式中,s 为样本的标准差。

下面以例题的形式加以说明:

【例题 5.1】 测定一批构件的承载能力,得 4 520、4 460、4 610、4 540、4 550、4 490、4 680、4 460、4 500、4 830(单位:N·m),问其中是否包含过失误差?

解 求平均值:

$$\bar{x} = \frac{1}{10}(4\,520 + 4\,460 + \cdots + 4\,830) = 4\,564\ \text{N}\cdot\text{m}$$

$$\sum v_i^2 = (4\,520 - 4\,564)^2 + \cdots + (4\,830 - 4\,564)^2 = 120\,240\ (\text{N}\cdot\text{m})^2$$

$$s = \sqrt{\frac{\sum v_i^2}{n-1}} = \sqrt{\frac{120\,240}{10-1}} = 115.6\ \text{N}\cdot\text{m}$$

①按 3σ 准则,如果符合 $|x_i-\bar{x}|>3\sigma\approx 3s$ 则认为 x_i 包括过失误差而把它剔除,因为

$$3s = 3\times 115.6 = 346.8$$

$$|x_i - \bar{x}| = |4\,830 - 4\,564| = 266 < 346.8$$

所以,数据 4 830 应保留。

②按肖维纳(Chauvenet)准则方法,如果符合 $|x_i-\bar{x}|>Z_\alpha\cdot s$ 则认为 x_i 包括过失误差而把它剔除,因为 $n=10$,查表 5.2 得 $Z_\alpha=1.96$

$$Z_\alpha\cdot s = 1.96\times 115.6 = 226.6$$

$$|x_i - \bar{x}| = |4\,830 - 4\,564| = 266 > 226.6$$

所以,数据 4 830 应剔除。

③按格拉布斯(Grubbs)准则方法,如果符合 $|x_i-\bar{x}|>g_0\cdot s$ 则认为 x_i 包括过失误差而把它剔除,因为 $n=10$,取 $\alpha=0.05$,查表 5.3 得 $g_0=2.18$

$$g_0\cdot s = 2.18\times 115.6 \approx 252$$

$$|x_i - \bar{x}| = |4\,830 - 4\,564| = 266 > 252$$

所以,数据 4 830 应剔除。

若取 $\alpha=0.01$,查表 5.3 得 $g_0=2.41$

$$g_0\cdot s = 2.41\times 115.6 = 279$$

$$|x_i - \bar{x}| = |4\,830 - 4\,564| = 266 < 279$$

所以,数据 4 830 应保留。

表5.2　$n-Z_\alpha$ 表

n	Z_α	n	Z_α	n	Z_α	n	Z_α
5	1.65	14	2.10	23	2.30	50	2.58
6	1.73	15	2.13	24	2.32	60	2.64
7	1.80	16	2.16	25	2.33	70	2.69
8	1.86	17	2.18	26	2.34	80	2.74
9	1.92	18	2.20	27	2.35	90	2.78
10	1.96	19	2.22	28	2.37	100	2.81
11	2.00	20	2.24	29	2.38	150	2.93
12	2.04	21	2.26	30	2.39	200	3.03
13	2.07	22	2.28	40	2.50	500	3.29

表5.3　g_0 表

α		0.05	0.01	α		0.05	0.01
n	3	1.15	1.16	n	17	2.48	2.78
	4	1.46	1.49		18	2.50	2.82
	5	1.67	1.75		19	2.53	2.85
	6	1.82	1.94		20	2.56	2.88
	7	1.94	2.10		21	2.58	2.91
	8	2.03	2.22		22	2.60	2.94
	9	2.11	2.23		23	2.62	2.96
	10	2.18	2.14		24	2.64	2.99
	11	2.23	2.48		25	2.66	3.01
	12	2.28	2.55		30	2.74	3.10
	13	2.33	2.61		35	2.81	3.18
	14	2.37	2.66		40	2.87	3.24
	15	2.41	2.70		50	2.96	3.34
	16	2.44	2.75		100	3.17	3.59

5.4　数据的表达

将试验数据按一定的规律、方式来表达,以便对数据进行分析。试验数据表达的方式有表格、图像和函数三种。

5.4.1　表格方式

表格按其内容和格式可分为汇总表格和关系表格两大类,汇总表格把试验结果中的主要内容或试验中的某些重要数据汇集于一个表格中,起着类似于摘要和结论的作用,表中的行与行、列与列之间一般没有必然的关系;关系表格是把相互有关的数据按一定的格式列于表中,表中列与列、行与行之间都有一定的关系,它的作用是使有一定关系的若干个变量的数据更加清楚地表示出变量之间的关系和规律。

表格的主要组成部分和基本要求如下:

①每个表格都应该有一个表格的名称,如果文章中有一个以上的表格时,还应该有表格的编号。表格名称和编号通常放在表的顶上。

②表格的形式应该根据表格的内容和要求来决定,在满足基本要求的情况下,可以对细节作变动,不拘一格。

③不论何种表格,每列都必须有列名,它表示该列数据的意义和单位;列名都放在每列的头部,应把各列名都放在第一行对齐,如果第一行空间不够,可以把列名的部分内容放在表格下面的注解中去。应尽量把主要的数据列或自变量列放在靠左边的位置。

④表格中的内容应尽量完全,能完整地说明问题。

⑤表格中的符号和缩写应该采用标准格式,表中的数字应该整齐、准确。

⑥如果需要对表格中的内容加以说明,可以在表格的下面、紧挨着表格加一注解,不要把注解放在其他任何地方,以免混淆。

⑦应突出重点,把主要内容放在醒目的位置。

表 5.4 反映了雀替简支木梁受力性能试验研究的部分试验结果,是汇总表格的示例,展示了当雀替长度发生变化时,试件在设计应力状态下的试验荷载值、挠度测试值和挠度理论值及其相对误差等。

表 5.4　设计应力状态下各试件的承载力及挠度

试件代号	雀替长度/mm	截面应力/MPa	试验荷载/N	实测挠度/mm	计算挠度/mm	相对误差/%
S-0	0.0	10.0	88.0	1.34	1.33	1.0
S-1	75.0	10.0	99.0	1.19	1.47	-19.0
S-2	100.0	10.0	107.0	1.05	1.57	-33.0
S-3	150.0	10.0	118.0	0.93	1.69	-45.0

由表 5.4 可知,当截面应力保持 10.0 MPa 不变,而雀替长度由小变大时,试件的承载能力由小变大,试件挠度的实测值反而由大变小,但挠度的计算值由小变大。说明雀替简支木梁的理论计算方法有待于改进。

5.4.2　图像方式

试验数据还可以用图像来表达,图像表达式有:曲线图、直方图、形态图和馅饼图等形式,其中最常用的是曲线图和形态图。

(1)曲线图

曲线可以清楚、直观地显示两个或两个以上的变量之间关系的变化过程,或显示若干个变量数据沿某一区域的分布;曲线可以显示变化过程或分布范围中的转折点、最高点、最低点及周期变化的规律;对于定性分析和整体分析来说,曲线图是最合适的方法。曲线图的主要组成部分和基本要求为:

①每个曲线图必须有图名，如果文章中有一个以上的曲线图，还应该有图的编号。图名和图号通常放在图的底部。

②每个曲线应该有一个横坐标和一个或一个以上的纵坐标，每个坐标都应有名称；坐标的形式、比例和长度可根据数据和范围决定，但应该使整个曲线图清楚、准确地反映数据的规律。

③通常是取横坐标作为自变量，取纵坐标作为因变量，自变量通常只有一个，因变量可以有若干个；一个自变量可以组成一条曲线，一个曲线图中可以有若干条曲线。

④有若干条曲线时，可以用不同线型（实线、虚线、点画线和点线等）或用不同的标记（○、□、△、+、×、* 等）加以区别，也可以用文字说明来区别。

⑤曲线必须以试验数为根据，对试验时记录得到的连续曲线（如 X-Y 函数记录仪记录的曲线，光线示波器记录的振动曲线等），可以直接采用，或加以修整后采用；对试验时非连续记录得到的数据和把连续记录离散化得到的数据，可以用直线或曲线顺序相连，并应尽可能用标记标出试验数据点。

⑥如果需要对曲线图中的内容加以说明，可以在图中或图名下加写注解。

由于各种原因，试验直接得到的曲线上会出现毛刺、振荡等，影响了对试验结果的分析。对这种情况，可以对试验曲线进行修匀、光滑处理，常用的方法是直线滑动平均法。下面介绍三点滑动平均法的计算式：

$$y'_i = \frac{1}{3}(y_{i-1} + y_i + y_{i+1})$$

$$y'_0 = \frac{1}{6}(5y_0 + 2y_1 - y_2)$$

$$y'_m = \frac{1}{6}(-y_{m-2} + 2y_{m-1} + 5y_m)$$

还可以用六点滑动平均、二次抛物线或三次抛物线滑动平均法，对试验曲线进行修匀、光滑处理。

图 5.3 和图 5.4 就是两例曲线图，图中 L-0 是非预应力木梁，L-1，2，3 是预应力依次增大的预应力木梁。由图可知，预应力木梁的受力性能比非预应力的好，高预应力的木梁其受力性能比低预应力的好。随着预应力的增大，荷载-挠度曲线的线性特征显著增强。

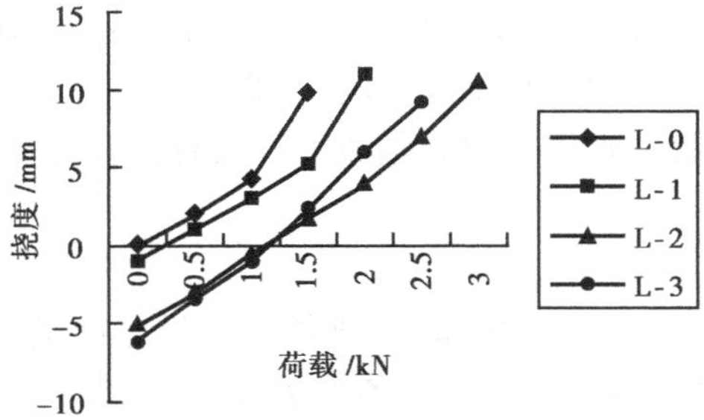

图 5.3　圆形截面预应力木梁荷载-挠度曲线

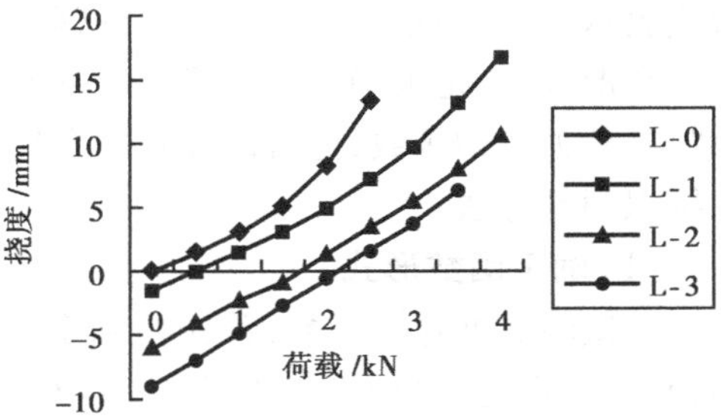

图 5.4　矩形截面预应力木梁荷载-挠度曲线

(2)形态图

将结构在试验时的各种难以用数值表示的形态,用图像表示,这类的形态如混凝土结构的裂缝情况、钢结构的屈曲失稳状态、结构的变形状态、结构的破坏状态等,这种图像就是形态图。

形态图有照片和手工画图两种,照片形式的形态图可以真实地反映实际情况,但有时却把一些不需要的细节也包括在内;手工画的形态图可以对实际情况进行概括和抽象,突出重点,更好地反映本质情况。制图时,可根据需要作整体图或局部图,还可以把各个侧面的形态图连成展开图。制图还应考虑各类结构的特点、结构的材料、结构的形状等。

形态图用来表示结构的损伤情况、破坏形态等,是其他表达方法不能代替的。

(3)直方图和馅饼形图

直方图的作用之一是统计分析,通过绘制某个变量的频率直方图和累积频率直方图来判断其随机分布规律。为了研究某个随机变量的分布规律,首先要对该变量进行大量的观测,然后按照以下步骤绘制直方图:

①从观测数据中找出最大值和最小值;

②确定分组区间和组数,区间宽度为 Δx,算出各组的中值;

③根据原始记录,统计各组内测量值出现的频数 m_i;

④计算各组的频率 $f_i(f_i = m_i/\sum m_i)$ 和累积频率;

⑤绘制频率直方图和累积频率直方图,以观测值为横坐标,以频率密度($f_i/\Delta x$)为纵坐标,在每一分组区间,作以区间宽度为底、频率密度为高的矩形,这些矩形所组成的阶梯形称为频率直方图;再以累积频率为纵坐标,可绘出累积频率直方图。从频率直方图和累积频率直方图的基本趋向,可以判断随机变量的分布规律。

直方图的另一个作用是数值比较,把大小不同的数据用不同长度的矩形来代表,可以得到一个更加直观的比较。

馅饼图中,用大小不同的扇形面积来代表不同的数据,得到一个更加直观的比较。

5.4.3 函数方式

试验数据还可以用函数方式来表达,试验数据之间存在着一定的关系,把这种关系用函数形式表示,这种表示更精确、完善。试验数据之间的关系建立一个函数,包括两个工作:一是确定函数形式,二是求函数表达式中的系数。试验数据之间的关系是复杂的,很难找到一个真正反映这种关系的函数,但可以找到一个最佳的近似函数。常用来建立函数的方法有回归分析、系统识别等方法。

(1)确定函数形式

由试验数据建立函数,首先要确定函数的形式,函数的形式应能反映各个变量之间的关系,有了一定的函数形式,才能进一步利用数学手段来求得函数式中的各个系数。

函数形式可以从试验数据的分布规律中得到,通常是把试验数据作为函数坐标点画在坐标纸上,根据这些函数点的分布或由这些点连成的曲线的趋向,确定一种函数形式,在选择坐标系和坐标变量时,应尽量使函数点的分布或曲线的趋向简单明了,如呈线性关系;还可以设法通过变是代换,将原来关系不明确的转变为明确的,将原来呈曲线关系的转变为线性关系。常用的函数形式以及相应的线性转换见表 5.5,还可以采用多项式,即

$$y = \alpha_0 + \alpha_1 x + \alpha_2 x^2 + \cdots + \alpha_n x^n \tag{5.22}$$

表 5.5　常见函数形式以及相应的线性变换

<table>
<tr><th>序号</th><th>图形及特征</th><th>名称及方程</th></tr>
<tr><td>1</td><td>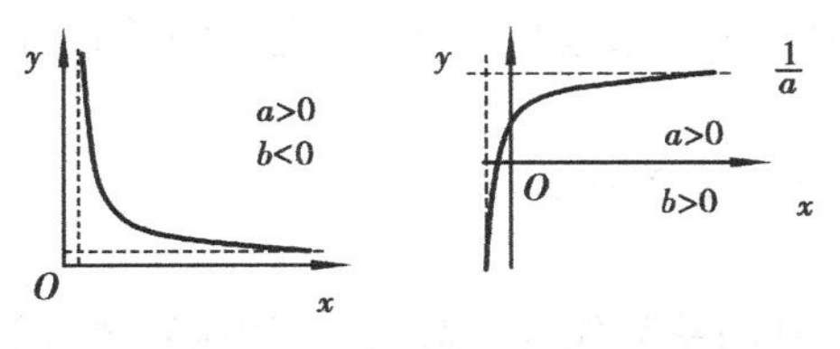
</td><td>双曲线
$\frac{1}{y} = a + \frac{b}{x}$
令 $y' = \frac{1}{y}, x' = \frac{1}{x}$
则 $y' = a + bx'$</td></tr>
<tr><td>2</td><td>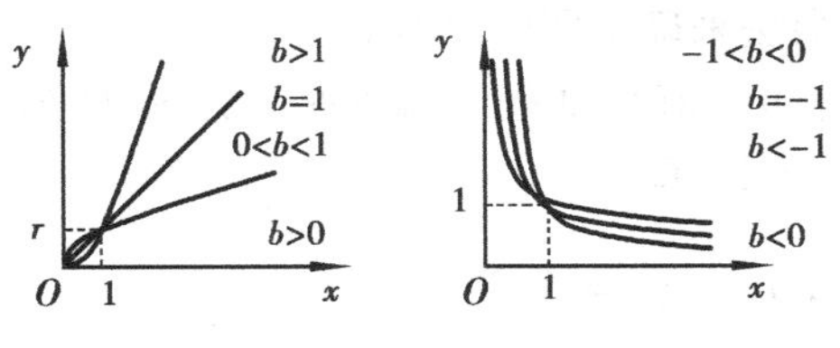
</td><td>幂函数曲线
$y = rx^b$
令 $y' = \lg y, x' = \lg x, a = \lg r$
则 $y' = a + bx'$</td></tr>
<tr><td>3</td><td>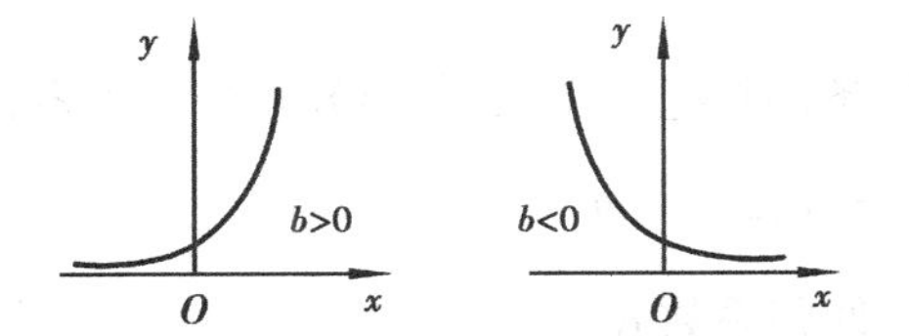
</td><td>指数函数曲线
$y = re^{bx}$
令 $y' = \ln y, a = \ln r$
则 $y' = a + bx$</td></tr>
<tr><td>4</td><td>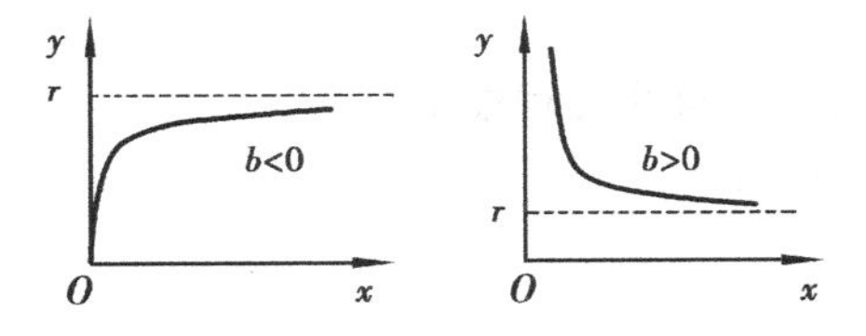
</td><td>指数函数曲线
$y = re^{\frac{b}{x}}$
令 $y' = \ln y, x' = \frac{1}{x}, a = \ln r$
则 $y' = a + bx'$</td></tr>
<tr><td>5</td><td>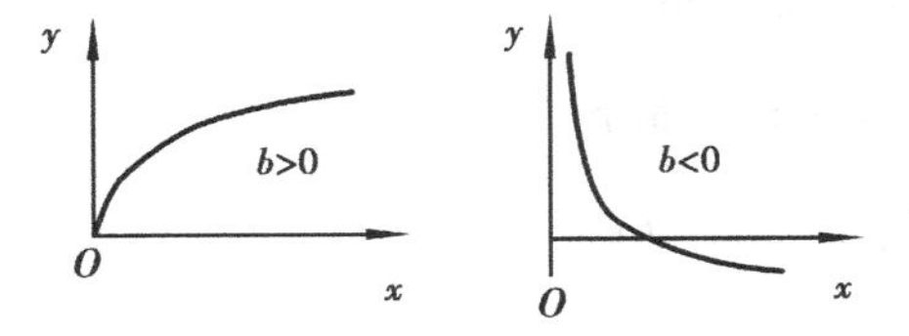
</td><td>对数曲线
$y = a + b \lg x$
令 $x' = \lg x$
则 $y = a + bx'$</td></tr>
<tr><td>6</td><td>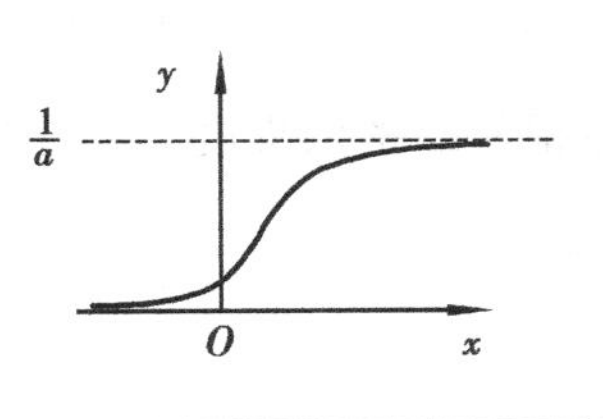
</td><td>S 型曲线
$y = \frac{1}{a + be^{-x}}$
令 $y' = \frac{1}{y}, x' = e^{-x}$
则 $y' = a + bx'$</td></tr>
</table>

确定函数形式时，应该考虑试验结构的特点，考虑试验内容的范围和特性，如是否经过原点，是否有水平或垂直，或沿某一方向的渐进线、极值点的位置等，这些特征对确定函数形式很有帮助。严格来说，所确定的函数形式，只是在试验结果的范围内才有效，只能在试验结果的范围内使用；如要把所确定的函数形式推广到试验结果的范围以外，应该要有充分的依据。

(2) 求函数表达式的系数

对某一试验结果，确定了函数形式后，应通过数学方法求其系数，所求得的系数使得这一函数与试验结果尽可能相符。常用的数学方法有回归分析和系统识别。

1) 回归分析

设试验结果为$(x_i, y_i)(i=1,2,\cdots,m)$，用一函数来模拟 x_i 与 y_i 之间的关系，这个函数中有待定系数 $\alpha_j(j=1,2,\cdots,m)$，可写为

$$y = f(x, \alpha_j)(j = 1,2,\cdots,m) \tag{5.23}$$

式中，α_j 也可称为回归系数。

求这些回归系数所遵循的原则是：将所求到的系数代入函数式中，用函数式计算得到的数值应与试验结果呈最佳近似。通常用最小二乘法来确定回归系数 α_j。

所谓最小二乘法，就是使由函数式得到的回归值与试验的偏差平方之和 Q 为最小，从而确定回归系数 α_j 的方法。Q 可以表示为 α_j 的函数，即

$$Q = \sum_{i=1}^{n}\left[y_i - f(x_i, \alpha_j)\right]^2, (j = 1,2,\cdots,m) \tag{5.24}$$

式中，(x_i, y_i)为试验结果。

根据微分学的极值定理，要使 Q 为最小的条件是把 Q 对 α_j 求导数并令其为零，即

$$\frac{\partial Q}{\partial \alpha_j} = 0, (j = 1,2,\cdots,m) \tag{5.25}$$

求解以上方程组，就可以解得使 Q 值为最小的回归系数 α_j。

2) 一元线性回归分析

设试验结果 x_j 与 y_j 之间存在着线性关系，可得直线方程如下：

$$y = a + bx \tag{5.26}$$

相对的偏差平方之和 Q 为

$$Q = \sum_{i=1}^{n}(y_i - a - bx_i)^2 \tag{5.27}$$

将 Q 对 a 和 b 求导、并令其等于零，可解得 a 和 b 如下

$$b = \frac{L_{xy}}{L_{xx}} \text{及} a = \bar{y} - b\bar{x} \tag{5.28}$$

式中，$\bar{x} = \frac{1}{n}\sum_{i=1}^{n}x_i, \bar{y} = \frac{1}{n}\sum_{i=1}^{n}y_i, L_{xx} = \sum_{i=1}^{n}(x_i - \bar{x})^2, L_{xy} = \sum(x_i - \bar{x})(y_i - \bar{y})$。

设 r 为相关系数，它反映了变量 x 和 y 之间线性相关的密切程度，r 由下式定义

$$r = \frac{L_{xy}}{\sqrt{L_{xx}L_{yy}}} \tag{5.29}$$

式中，$L_{yy} = \sum(y_i - \bar{y})^2$，显然$|r| \leqslant 1$。

当$|r| = 1$，称为完全线性相关，此时所有的数据点(x_i, y_i)都在直线上；当$|r| = 0$，称为完全线性无关，此时数据点的分布毫无规则；$|r|$越大，线性关系好；$|r|$很小时，线性关系很差，这时再用一元线性回归方程来代表 x 与 y 之间的关系就不合理了。表 5.6 为对应于不同的 n 和显著性水平 α 下的相关系数的起码值，当$|r|$大于表中相应的值，所得到的直线回归方程才有意义。

表 5.6　相关系数检验表

α		0.05	0.01	α		0.05	0.01
$n-2$	1	0.997	1.000	$n-2$	21	0.413	0.526
	2	0.950	0.990		22	0.404	0.515
	3	0.878	0.959		23	0.396	0.505
	4	0.811	0.917		24	0.388	0.496
	5	0.754	0.874		25	0.381	0.487
	6	0.707	0.834		26	0.374	0.478
	7	0.656	0.798		27	0.367	0.470
	8	0.632	0.765		28	0.361	0.463
	9	0.602	0.735		29	0.355	0.456
	10	0.576	0.708		30	0.349	0.449
	11	0.553	0.684		35	0.325	0.418
	12	0.532	0.661		40	0.304	0.393
	13	0.514	0.641		45	0.288	0.372
	14	0.497	0.623		50	0.273	0.354
	15	0.482	0.606		60	0.250	0.325
	16	0.468	0.590		70	0.232	0.302
	17	0.456	0.575		80	0.217	0.283
	18	0.444	0.561		90	0.205	0.267
	19	0.433	0.549		100	0.195	0.256
	20	0.423	0.537		200	0.138	0.181

3）一元非线性回归分析

若试验结果 x_i 和 y_i 之间的关系不是线性关系，可以利用表6.3进行变量代换，转换为线性关系，再求出函数式中的系数；也可以直接进行非线性回归分析，用最小二乘法求出函数式中的系数。对变量 x 和 y 进行相关性检验，可以用下列的相关指数来表示，即

$$R^2 = 1 - \frac{\sum (y_i - y)^2}{\sum (y_i - \bar{y})^2} \tag{5.30}$$

式中，$y=f(x_i)$ 是把 x_i 代入回归方程得到的函数值，y_i 是试验结果，$\bar{y}$ 是试验结果的平均值。相关指数 R^2 的平方根 R 称为相关系数，但它与前面的线性相关系数不同。相关指数 R^2 和相关系数 R 都是表示回归方程或回归曲线与试验结果的拟合程度的，R^2 和 R 趋近于 1 时，表示回归方程的拟合程度好，R^2 和 R 趋近于零时，表示回归方程的拟合程度不好。

4）多元线性回归分析

当所研究的问题有两个以上的自变量时，就应该采用多元回归分析。另外，由于许多非线性问题都可以化为多元线性回归问题，所以，多元线性回归分析是最常用的分析方法之一。

设试验结果 $x_{ji}(j=1,2,3,\cdots,m;i=1,2,3,\cdots,n)$ 是 $y_i(i=1,2,3,\cdots,n)$ 的自变量，则 y_i 与 x_{ji} 的关系式为

$$y_i = a_i + \sum_{j=1,i=1}^{j=m,i=n} b_{ji}x_{ji} \tag{5.31}$$

式中，a_i 和 b_{ji} 为多元线性回归系数，用最小二乘法求得。

5）系统识别方法

在结构动力试验中，常把结构看作一个系统，结构的激励为输入，结构的反应为系统的输出，结构的刚度、阻尼和质量就是系统的特征。系统识别就是用数学的方法，由已知的系统输入和输出，来找出系统的特性或特性最优的近似解。

5.5 学术论文写作格式

任何事物都具有自身特定的活动规律和表现形式，文字语言的表达也不例外，比如，人们所熟悉的“通知”的写作，其内容必须由标题、被通知对象、通知内容、通知发布单位和日期等5个部分组成。这5项内容不但不能缺少其中任意一项，而且要严格按照上述顺序依次完成。这就是“通知”写作所具有的规律性。科技论文的写作也是如此，下面就工程试验研究类科技期刊学术论文的写作格式作一介绍。

5.5.1 试验研究的特点

（1）试验研究的含义

试验是指为了察看某事物的结果或事物的性能或事物的变化规律而从事的专门活动。试验有生产性试验和研究性试验之分。通常将为了检验某产品工作性能是否合格而进行的试验称为生产性试验，或鉴定性试验；将为了专门解决某种悬而未决的难题进行的试验称为研究性试验。研究性试验又分为验证型试验和探索型试验。验证型试验的特点在于其试验对象的变化规律已知，试验的目的在于证实试验对象规律的存在或核查理论与实际的吻合程度；探索型试验则不同，对试验对象在试验过程中的变化规律没有确定性的理论指导、缺乏规律性认识，试验的目的在于先揭示现象，再分析规律。

（2）试验研究的共性

尽管各类试验的目的有所不同，但由于实现试验目的的途径有相同之处，所以各类试验研究拥有下列共性：

①离不开试验研究三要素，即试验对象、试验设备和试验技术。

②试验结果作为科学研究工作中试验环节的产品，是科学研究的重要依据，其表示方式有文字、数表、图片和曲线等4种形式。

5.5.2 论文的组成及其功能

一篇完整的科技期刊学术论文一般有题目、署名、提要、关键词、分类代号、主体、致谢、参考文献等八个部分组成。有些科技期刊对学术论文的组成不作严格要求。

论文题目就是文章的主题或命题，是对正文内容的高度概括，是文章的命脉。要求既朴实又有新意，有一定的研究高度，一般在20字以内为好。

文章署名是文责自负和拥有版权的标志，其内容有作者姓名、工作单位、所在城市及其邮政编码等内容。

提要又称为摘要，是论文主体的中心思想，主要回答论文研究和探讨了哪些问题，有何意义、作用或目的。要求语言精练,采用第三人称,以400字为宜,以200字左右为佳。

关键词是对论文主体起控制作用的坐标点,是反映论文主体核心内容的术语。若把关键词串起来,一般能够回答什么事物通过什么途径(或方法)能解决什么问题(或达到什么效果)。论文题目中常有二至三个或更多关键词。

分类代号是论文分门别类的国际通用代码,各期刊编辑部及出版单位有相应手册。

主体是论文躯体的主干部分(详见下)。

致谢是作者对帮助或指导过试验研究的个人或集体表示的谢意。

参考文献是论文所参考过的主要文献的目录表,是论文的论据之一,它表明论文的时代性和学术水平的前沿性。参考文献的表达格式分期刊、书籍、论文集等,形式有所不同,目前已趋于规范化。

5.5.3 主体的组成及其功能

论文的主体分为引言、正文和结论三部分。

(1)引言部分

主要功能　阐述立题的必要性和迫切性。

标题形式　用"引言、前言、前导、导言、导论、引论、引语、导语、问题的提出、问题的引出"等,有些期刊对这部分内容要求不带标题。

主要内容　题目的来源,立题的原因、目的,试验研究的作用和意义,研究方法和预期效果等。要求开门见山,言简意赅。

引言内容是为引言的主要功能服务的,要反映的核心内容是"题目"的必要性和迫切性,若所组织的引言内容能给读者留下"该文值得一读"的效果则为最佳。

(2)正文部分

正文是论文的核心(详见下)。

(3)结论部分

①主要功能　总结和结束全文。

②标题形式　用"结论、小结、总结、结尾、结束语、结语、尾语、几点建议、几点注意的问题、试验研究小结、试验结论"等。有的文章边叙述边总结,不采用全文集中总结的方式,而以建议、意见或体会的方式来结束文章。

③主要内容　与引言内容相呼应,写试验研究所得到的收获或对后续工作有益的内容,即阐述文章正反两个方面的结果。

5.5.4 正文的组成及其功能

论文主体的正文部分由试验概况、试验结果、结果分析三部分组成。

(1)试验概况

①主要功能　阐述试验的组织过程、证明试验手段可靠、说明试验结果有效,即整个试验能够为主题服务。

②标题形式　用"试验概况、试验概述、试验简介、试验介绍、试验过程、试验方法、试验组织、试验条件"等。

③主要内容　试验概况的主要内容有:

a. 试验材料。介绍材料的名称、规格及其与试验有关的基本性能。

b. 试件制作。介绍试件的设计、制作、编号以及注意事项。

c. 试验方法。介绍试验工艺要求、加荷程序和方法。

d. 试验装置。介绍试验设备、仪器仪表的作用及其与试验对象的空间关系。一般要与试验装置示意图相配合。

e. 试验技术。介绍试验测试方案,即测点布置的特点和所用仪器仪表的名称、规格,可与试验装置内容结合或对测点编号后列表表示,则一目了然。

这5点内容可以视文章内容特点进行不同程度离合增减的应用。

(2)试验结果

①主要功能　试验结果是试验过程中试验对象各观测点发生的一系列变化的记录,其功能在于充分地揭示主题所要揭示的现象,或充分地表现主题所要表现的规律。

②标题形式　用“试验结果、试验成果、试验数据、试验记录”等。

③主要内容　摘录对主题具有控制作用的试验结果(即能够为主题服务、经过整理的试验记录)。内容组织的基本原则是:语言精练、短小精悍,服务主题、论证有力。

④表现方式　图片、表格、曲线和文字。

⑤叙述手法　边叙边议,叙试验结果,议试验所揭示的现象或试验所表现规律的特点、作用和意义,充分地证明主题成立。

(3)结果分析

①主要功能　寻求所揭示现象或所表现规律的理由和依据。

②标题形式　用“结果(或成果)分析(或讨论)、数据(或数值)分析(或讨论)、试验分析(或讨论)”等。对试验内容较少的文章,常把“试验结果”和“结果分析”合二为一,以“试验结果及分析、试验结果及讨论”的标题形式出现。

③主要内容　对于以揭示事物现象的论文,首先分析所揭示现象产生的原因和产生原因的根据;其次寻求相应的对策,以达到揭示现象的目的。对于以寻求事物发展规律的论文,首先分析影响规律的因素,其次寻求解决问题的方法,以达到寻求规律的目的。对于需要进行理论计算的论文,则应先陈述理论依据,然后进行理论与实测对比,再分析产生误差的主要原因、分析相应量的影响因素,以达到立题的目的。

5.5.5　论文写作格式小结

综上所述,一般地,一篇工程试验研究类的科技期刊论文的结构组成可如图5.5表示。

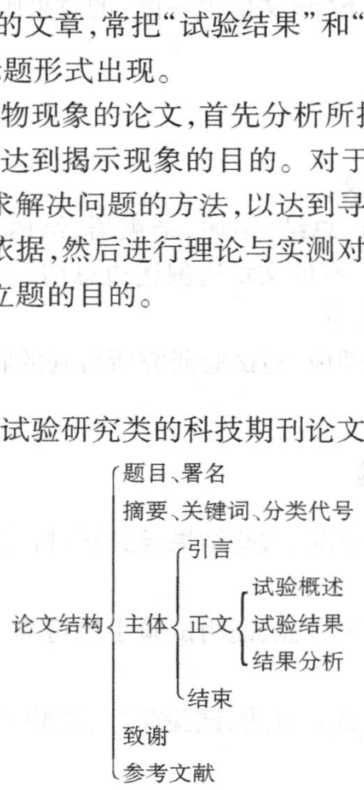

图5.5　科技期刊学术论文的结构组成关系示意图

世上没有一成不变的事物。科技期刊学术论文的写作，应在图 5. 5 的基础上针对论文主题的特点可变可调，可增可减，可分可合，灵活应用。若把科技期刊学术论文的表达格式视为一成不变的教条，则非笔者初衷。

习　题

5. 1　为什么要对结构试验采集到的原始数据进行处理？数据处理的内容和步骤主要有哪些？

5. 2　进行误差分析的作用和意义何在？

5. 3　误差有哪些类别？是怎样产生的？应如何避免？

5. 4　试验数据的表达方式有哪些？各有什么基本要求？

5. 5　图示为钢筋混凝土试件的截面应变测点布置图，各测点应变值 $\mu\varepsilon$ 如下表所示，试画出截面应变分布图。

5. 6　学术论文结构特点分析（要求学生结合第 5. 5 节的学习内容，任读一篇有关试验研究的学术论文，着重对论文的结构特点进行分析）。

习题 5. 5 表

测　点	1	2	3	4	5
荷载	测量应变				
A 级	-10	-5	0	+5	+10
B 级	-15	-7	+3	+8	+11
C 级	-20	-8	+5	+19	+32

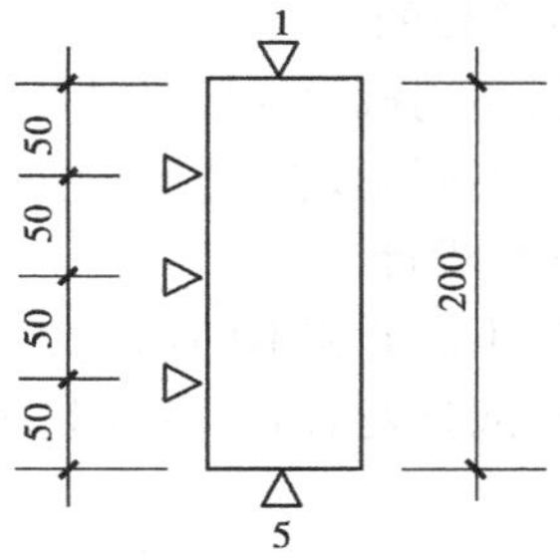

习题 5. 5 图

附　录

试验1　钢筋混凝土连续梁调幅限值的试验研究

(1)试验目的

①探讨不同截面受压区高度系数 ξ 对调幅限值的影响。

②研究不同调幅对连续梁挠度及裂缝宽度的影响。

(2)试件设计

作6根不同 ξ 和不同 δ(弯矩调幅值)的两跨连续梁,按实际的材料强度及几何尺寸算得的 ξ、δ 值见试验表1.1。试件截面尺寸及加载图形如试验图1.1所示。

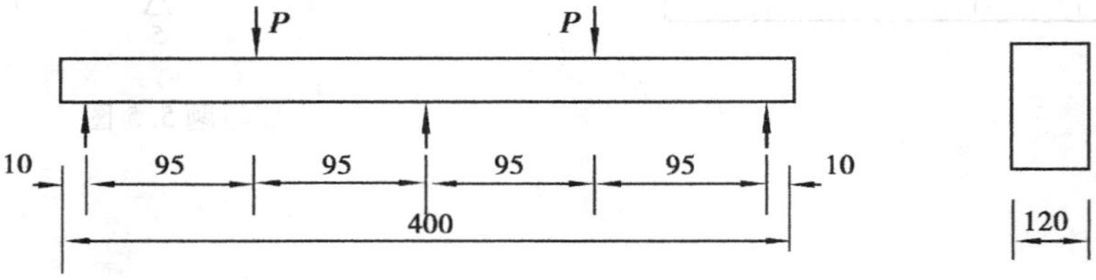

试验图1.1　截面尺寸及加载图形

试验表1.1　试件一览表

梁　号	B_1	B_2	B_3	B_4	B_5	B_6
ξ	0.272	0.253	0.206	0.173	0.087	0.070
δ/%	8.6	17.9	23.6	25.2	25.0	57.6

按调幅后的弯矩图来设计跨中和中间支座截面的配筋。为防止试件剪切破坏,箍筋比按规范(TJ 10—74)计算的配箍量有所增加,为避免受压钢筋对中间支座截面塑性转动产生影响,试件下部钢筋在通过中间支座时向上弯起(试验图1.2和试验表1.2)。

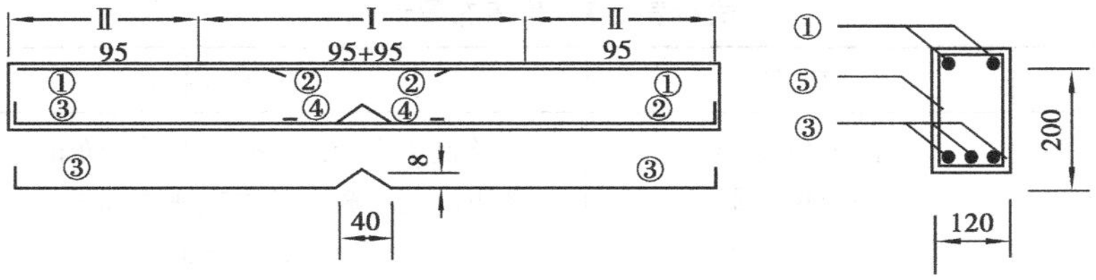

试验图 1.2　两跨连续梁试件配筋图

试验表 1.2　钢筋表

梁　号	①	②	③	④	⑤	箍筋间距
B_1	2ϕ14	1ϕ14	2ϕ16	2ϕ6	ϕ6	(Ⅰ)@100(Ⅱ)@150
B_2	2ϕ16		2ϕ18	2ϕ10	ϕ6	(Ⅰ)@100(Ⅱ)@150
$B_{3,4}$	2ϕ16		2ϕ16 1ϕ12	2ϕ8	ϕ6	(Ⅰ)@100(Ⅱ)@150
B_5	2ϕ10		2ϕ12	2ϕ6	ϕ6	(Ⅰ)@100(Ⅱ)@150
B_6	2ϕ10		3ϕ12	2ϕ6	ϕ6	(Ⅰ)@150(Ⅱ)@150
钢筋简图	396	80	178 178	80	▯	

(3)试件制作

采用强度等级为 C25 混凝土，配比为水泥：砂：石 = 1：1.55：3.65，矿渣水泥，碎卵石粒径为 0.5 ~ 2.0 cm。钢筋见表 7.2 所示。模板为钢模，采用自然养护。与试件制作同时，每一试件分别留有 15 cm × 15 cm × 15 cm 的立方体试块和三个 10 cm × 10 cm × 30 cm 的棱柱体试块，受力主筋也分别留有试样以测定材性。

(4)仪表布置

试验图 1.3 为仪器仪表布置图，试验表 1.3 为仪器仪表布置说明。

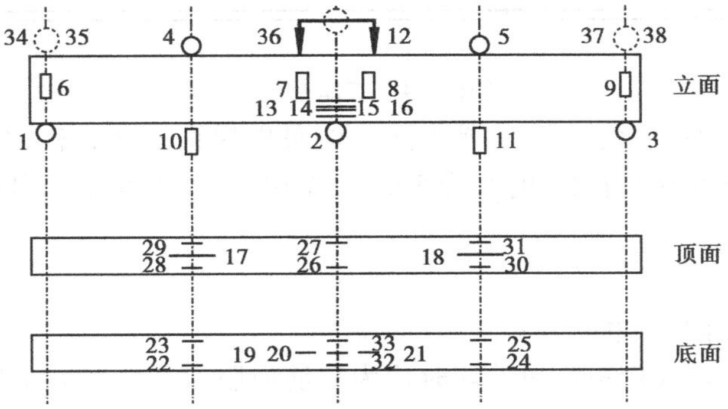

试验图 1.3　仪器仪表布置图

此外，用放大镜及最小刻度 1/20 mm 的刻度放大镜观察裂缝的开展情况及量测裂缝宽度。

试验表 1.3　仪表布置说明

测点号	仪 表 名 称	量 测 内 容
1—5	测力传感器	绘制 *P-M* 图，了解内力重分布的过程。
6—9	倾角传感器	量测边支座截面及中支座截面两侧的转角。
10—11	位移传感器	量测跨中截面挠度。
12	曲率仪（$L=250$ mm）	量测中支座两侧 250 mm 范围内的平均曲率。
12—16	电阻应变片（$L=100$ mm）	量测中支座截面压区高度。
17—18	电阻应变片（$L=100$ mm）	量测跨中截面压区混凝土应变。
19—21	电阻应变片（$L=40$ mm）	量测中支座截面处压区混凝土应变分布情况。
22—27	电阻应变片（$L=5$ mm）	量测跨中及中支座截面受拉钢筋应变。
28—33	电阻应变片（$L=5$ mm）	量测跨中及中支座截面受压钢筋应变。
34—38	百分表	量测支座沉降。

(5)试件支座、安装及加载

试验时的支座及加载装置如试验图 1.4 所示，中间支座下设有可调节高度的密纹螺栓。试件就位后用水准仪观察调节 3 个支座的水平度，尽可能使三者位于同一水平。然后少量加载，量测支座反力的分布，通过中间支座下的螺栓，调节中间支座高度直到 3 个支座反力的比例符合弹性计算时支座反力的比例时为止。

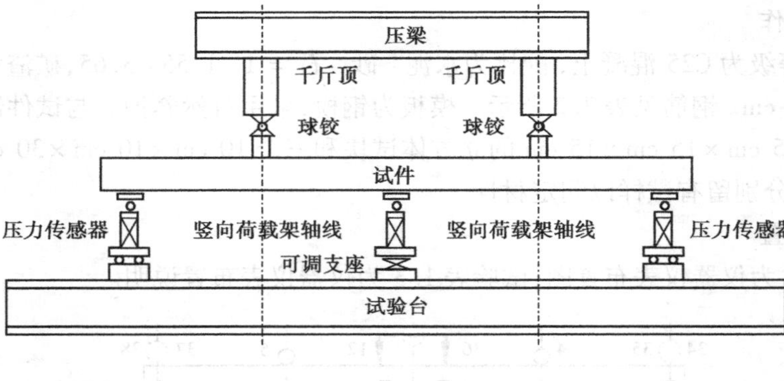

试验图 1.4　支座及加载装置

采用油压千斤顶加载，两个千斤顶用同一油泵以保证同步，各梁以极限荷载的 1/12 ~ 1/15分级加载，每级荷载间的间隔时间为 5 min，当中间支座及跨中都出现塑性铰后，连续加载直至破坏。

(6)试验结果

1)破坏特征与极限承载能力

中间支座及跨中最大弯矩截面破坏时均为拉筋屈服和压区混凝土压碎，试验图 1.5 为 6 根梁中 B_1、B_2的裂缝分布及破坏形态图。试验表 1.4 为各梁的计算极限弯矩（按照实际的截面尺寸及材料强度计算）及实测极限弯矩（由实测反力及荷载值算出）。

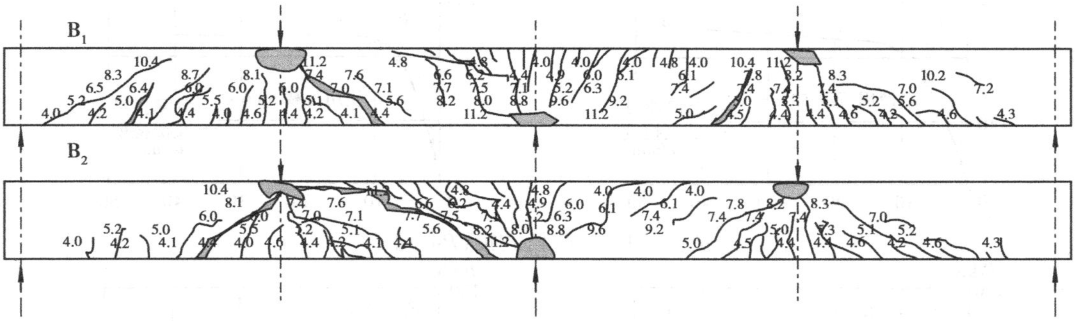

试验图 1.5　裂缝分布及破坏形态图

试验表 1.4　计算及实测极限弯矩

梁　号	跨中极限弯矩/(kN·m⁻¹)			支座极限弯矩/(kN·m⁻¹)		
	M_C	M_T	M_T/M_C	M_C	M_T	M_T/M_C
B_1	28.0	30.1	10.8	29.2	31.9	1.09
B_2	32.8	34.8	10.6	29.2	33.9	1.16
B_3	36.7	38.9	10.6	29.5	33.0	1.12
B_4	38.0	39.2	10.3	29.6	36.0	1.22
B_5	18.6	21.7	11.7	14.6	14.7	1.00
B_6	27.9	28.3	10.1	10.6	13.4	1.26

2)测试记录

实测荷载-弯矩(P-M)曲线,荷载-挠度(P-ω)曲线,荷载-裂缝宽度(P-c)曲线,荷载-钢筋应变(P-ε_g)曲线,荷载-混凝土压应变(P-ε_h)曲线以及使用荷载下裂缝宽度-弯矩调幅(c-δ)和压区高度系数-弯矩调幅(ξ-δ)的散点图如试验图 1.6 至试验图 1.12 所示。

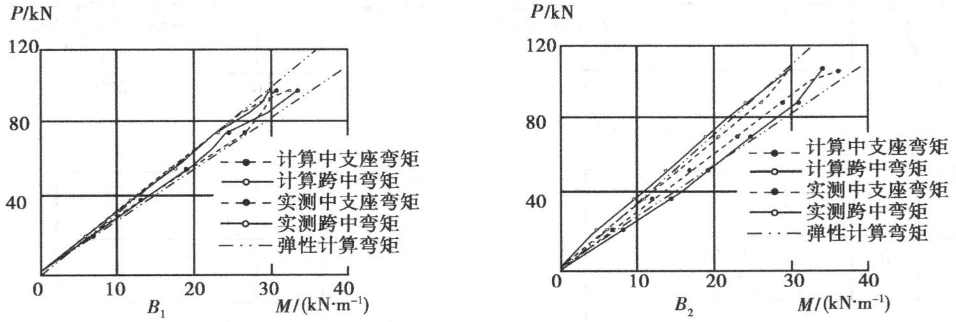

试验图 1.6　荷载-弯矩(P-M)曲线

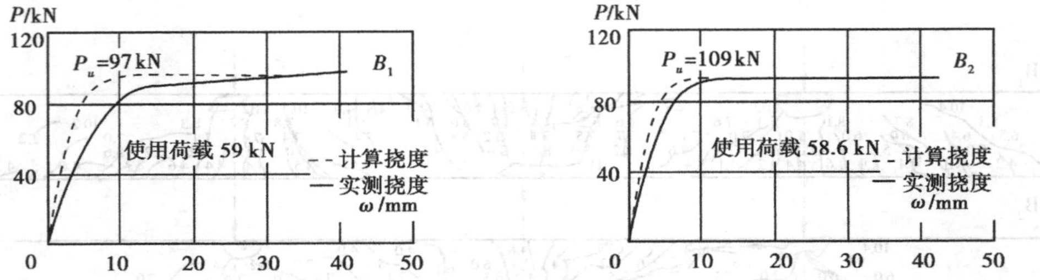

试验图 1.7　荷载-挠度(P-ω)曲线

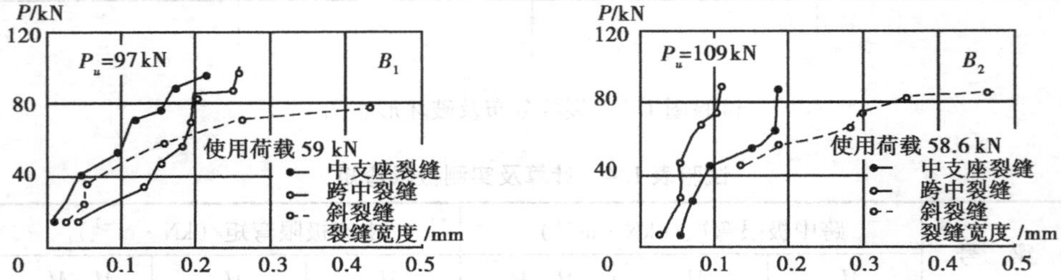

试验图 1.8　荷载-裂缝宽度(P-c)曲线

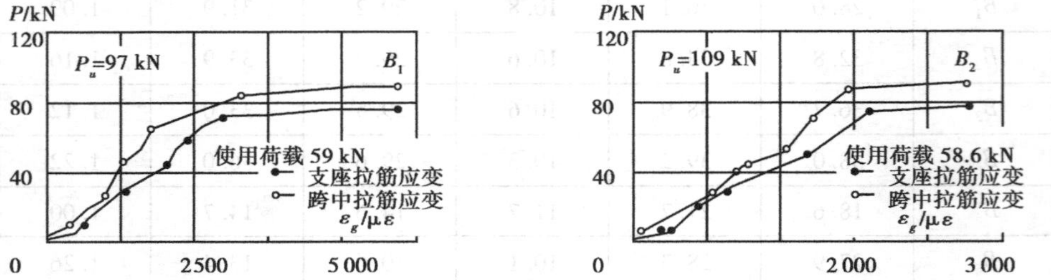

试验图 1.9　荷载-钢筋应变(P-ε_g)曲线

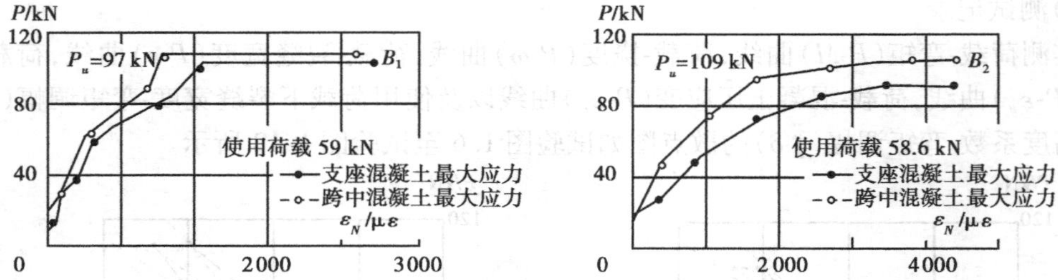

试验图 1.10　荷载-混凝土压应变(P-ε_h)曲线

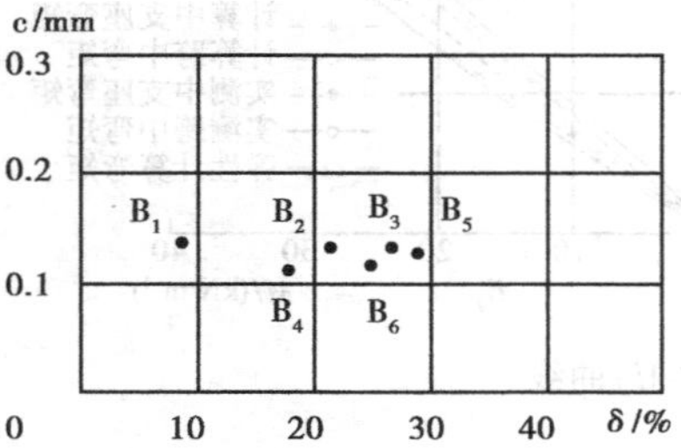

试验图 1.11　使用荷载下的裂缝宽度-弯矩幅值(c-δ)关系

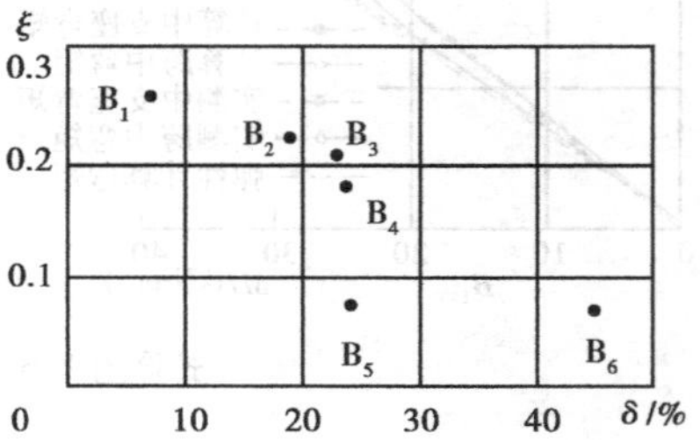

试验图 1.12　压区高度系数-弯矩调幅值(ξ-δ)关系

试验2 砖砌体慢频拟动力加载试验研究

(1)试验目的

①研究无筋砖砌体结构在周期性动力荷载作用下的滞回特性；

②研究动力荷载对结构应变速率的影响。

(2)试件设计与制作

砖砌体试件尺寸如试验图2.1,墙高为1 200 mm,宽度为2 440 mm,墙厚为240 mm。砂浆强度为1.25 MPa,砖的强度在10 MPa以上。试验图2.1中的灰色部分为砌体,砌体上层为现浇钢筋混凝土结构层以模拟圈梁,砌体的下层也为现浇钢筋混凝土结构层以模拟地梁。

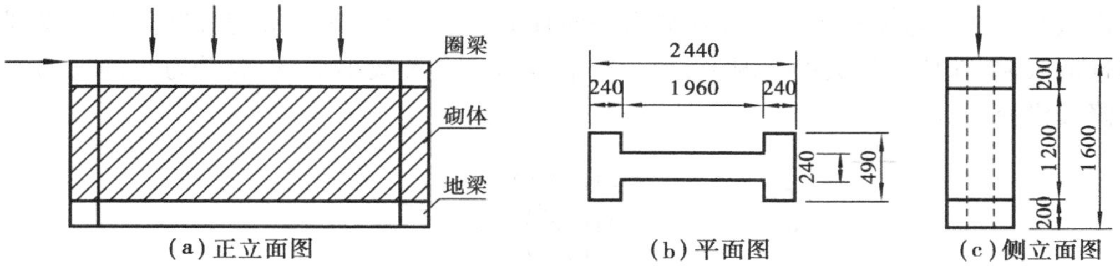

试验图2.1 无筋砖砌体试件

(3)试验装置

试验时沿墙高布置了五个位移传感器,量测墙体水平位移。荷载值是通过加载器端部的测力传感器和模控装置直接读出,相互校核。

试验数据时通过放大器由X-Y记录仪和磁带机分别采集记录,也可以通过MTS数据采集和处理系统给出进程曲线。

(4)加载制度

试验加载采用国产电液伺服加载器和美国MTS公司的模控装置。墙体在竖向荷载作用下水平力采用控制力值加载的方法。

在加载试验中,四个试件采用了三种加载周期:10 s,1 s和0.33 s,C对应于加载频率为0.1 Hz,1 Hz和3 Hz。

(5)试验结果

试验表2.1列出4个试件的试验结果。

试验表2.1 墙体试验结果和试验数据

试件编号	单环加载周期/s	初裂荷载/kN	形成踏步裂缝荷载/kN	极限荷载/kN	极限剪切变形
Q—23—DJZ—3	10.00	80	100	114	0.003 4
Q—23—DJZ—1	1.00	80	97	112	0.003 3
Q—23—DJZ—2	0.33	100	130	135	0.001 4
Q—23—DJZ—6	0.33	100	123	130	0.002 3

在3种加载周期中10 s的加载周期可以看成为静力试验,而0.33 s的加载周期可以认为是动力试验,1 s的周期其效果介于两者之间。

1)强度指标

从四个试件的强度比值可以看出:

①0.33 s加载周期试件的极限强度比10 s周期的试件提高16%,开裂荷载提高25%;

②加载周期为1 s的试件强度与周期为10 s的试验结果接近;

③静力试验(加载周期1 s及10 s)形成踏步裂缝的荷载为极限荷载的0.87,而动力加载试验时试件在0.95极限荷载时形成踏步裂缝。

2)滞回环特性

①滞回环面积大小反映了墙体的耗能能力。试验图2.2为不同周期荷载作用下墙体的滞回曲线。

由试验图2.2可见动力滞回环比静力滞回环面积要狭小,而且坡度较陡。由于受到加载器特性的限制,在位移加大的情况下,加载速率实际上大大减小了,形成动力与静力的滞回环的下降段没有很大的区别。

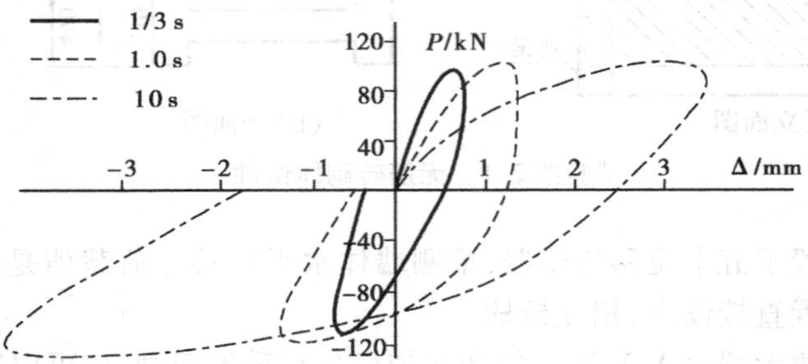

试验图2.2　不同周期荷载作用下墙体的滞回曲线

②等效刚度。将滞回环的顶点和原点连线可得各级荷载作用下的等效刚度。从滞回环得到的墙体动力等效刚度大体是静力等效刚度的一倍。

3)骨架曲线

四个试件的骨架曲线如试验图2.3所示。可以看出,动力骨架曲线比静力骨架曲线可覆盖更多的面积。这样,从总体上看,动力荷载的总能量大于静力加载。

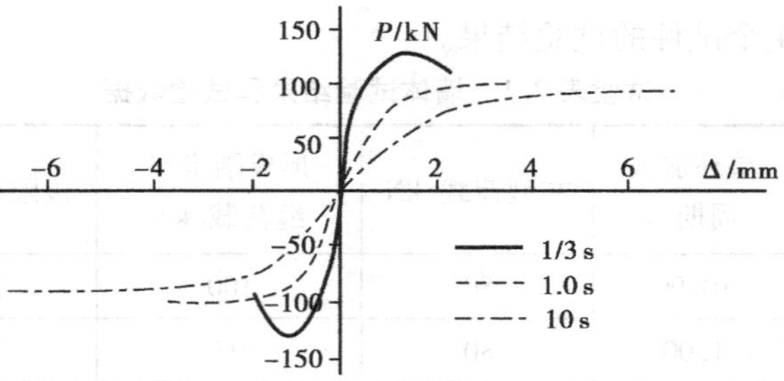

试验图2.3　墙体试验的骨架曲线

(6)结果分析(略)

参考文献

[1] 王娴明. 建筑结构试验[M]. 2 版. 北京:清华大学出版社,1997.
[2] 方开泰,王元. 均匀设计与均匀设计法[M]. 北京:航空航天出版社,1994.
[3] 姚谦峰,陈平. 土木工程结构试验[M]. 北京:中国建筑工业出版社,2001.
[4] 卜乐奇,陈星烨. 建筑结构检测技术与方法[M]. 长沙:中南大学出版社, 2003.
[5] 宋一凡,贺拴海. 公路桥梁荷载试验结构评定[M]. 北京:人民交通出版社,2002.
[6] 王娴明. 建筑结构试验[M]. 2 版. 北京:清华大学出版社,1997.
[7] 姚谦峰,陈平. 土木工程结构试验[M]. 北京:中国建筑工业出版社,2001.
[8] 马永欣,郑山锁. 结构试验[M]. 北京:科学出版社,2001.
[9] 谌润水,胡钊芳,等. 公路桥梁荷载试验[M]. 北京:人民交通出版社,2003.
[10] 张俊平. 桥梁检测[M]. 北京:人民交通出版社,2002.
[11] 章关永. 桥梁结构试验[M]. 北京:人民交通出版社,2002.
[12] 宋彧.《建筑结构试验》课程教学内容的改革与研究[J]. 教学与研究,2003,10.
[13] 宋彧,等. 雀替木结构受弯构件相似模型设计与试验研究[J]. 兰州理工大学学报,2005,10.